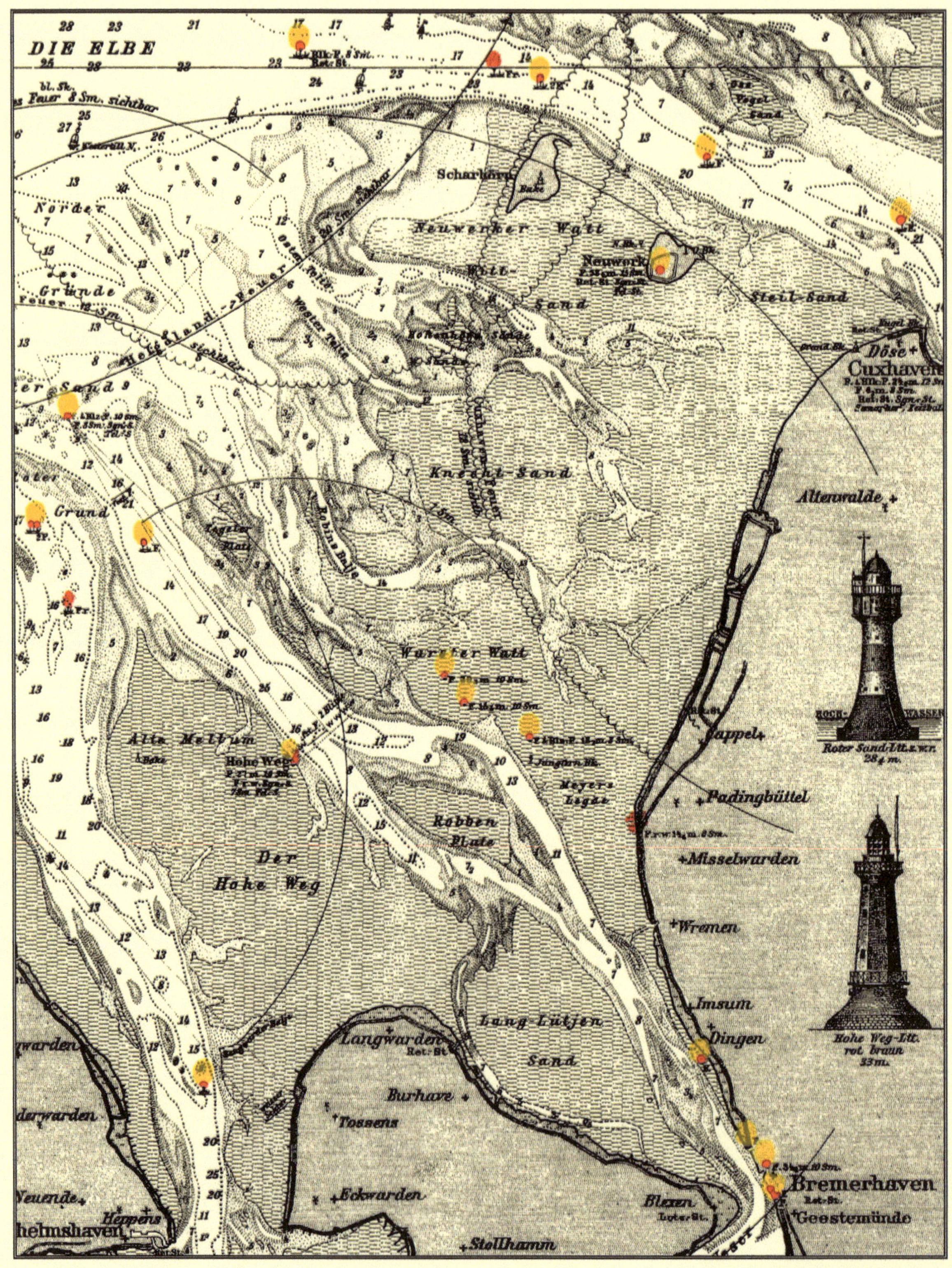

Die Wesermündung um 1890.

Walter Körte · Jacobus van Ronzelen

Vom Bau der Leuchttürme Roter Sand und Hohe Weg

Zeitreisen zur Kultur + Technik
Herausgegeben von Ronald Hoppe
edition.epilog.de

Bibliografische Information der Deutschen Nationalbibliothek:
Die Deutsche Nationalbibliothek verzeichnet diese Publikation
in der Deutschen Nationalbibliografie; detaillierte bibliografische
Daten sind im Internet über http://dnb.dnb.de abrufbar

Für diese Ausgabe wurden die Originaltexte in die aktuelle
Rechtschreibung umgesetzt und behutsam redigiert.
Längenangaben und andere Maße wurden gegebenenfalls
in das metrische System umgerechnet.

Ausgewählt, redigiert und gestaltet von Ronald Hoppe
Herstellung und Verlag: BoD – Books on Demand, Norderstedt

ISBN: 978-3-7519-2217-3

Vom Bau des Leuchtturms Roter Sand

Vom Bau des Leuchtturms Hohe Weg

Vom Bau des Leuchtturms

Roter Sand

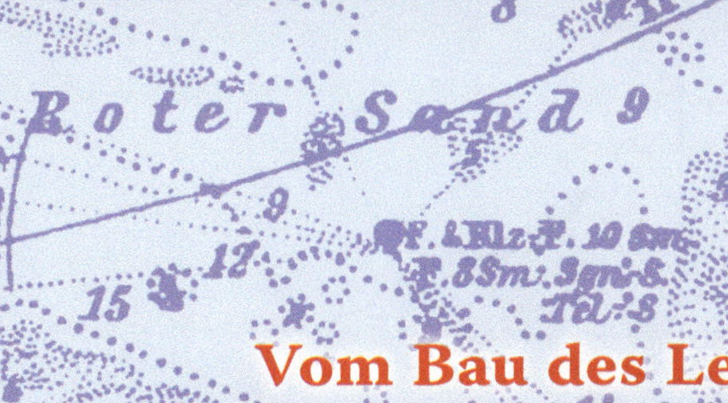

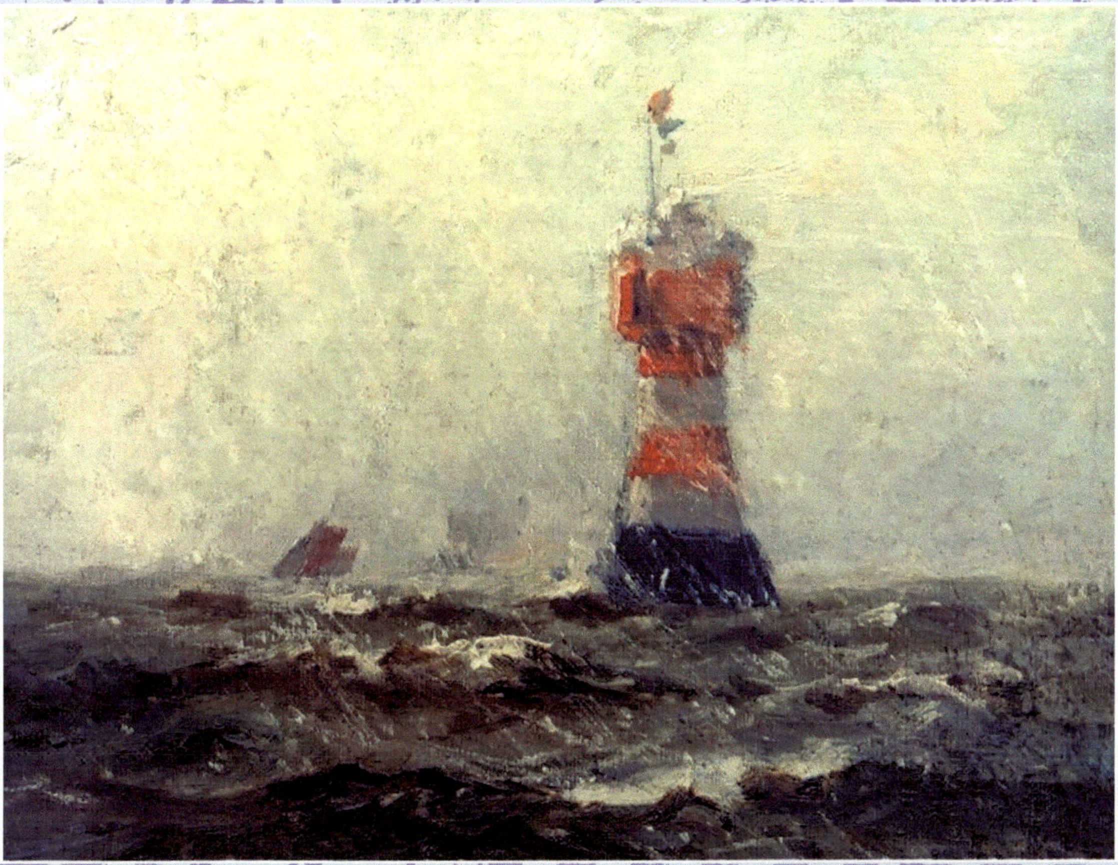

Gemälde von Leonhard Sandrock, 1910.

Der Leuchtturmbau in der Wesermündung

und die Katastrophe vom 13. Oktober 1881

ZENTRALBLATT DER BAUVERWALTUNG • 21.1.1882

Die Katastrophe, von welcher der Leuchtturmbau auf dem ›Roter Sand‹ in der Wesermündung, 47 km unterhalb Bremerhaven, am 13. Oktober 1881 während einer starken Sturmflut betroffen worden, ist bereits durch Zeitungsberichte bekanntgeworden. Erst seit kurzem sind die angestellten Untersuchungen zu Ende geführt und damit die Zweifel behoben, welche über die mutmaßlichen Ursachen des Ereignisses bis zuletzt bestanden und in zahlreichen mit größerer oder geringerer Sicherheit auftretenden Berichten laut geworden sind. Aus dem uns von zuständiger Seite mit dankenswerter Bereitwilligkeit zur Verfügung gestellten umfangreichen Material gehen wir im Folgenden dasjenige kurz wieder, was einerseits zur Klarstellung der Katastrophe und ihrer Ursachen dient und andererseits für die Beurteilung des Entwurfs zum Leuchtturmbau von Wichtigkeit ist, eines Werks, das als eigenartig im Gedanken und in der Ausführung bezeichnet werden darf für die Herstellung von festen Leuchttürmen im offenen Meer bei großen Wassertiefen, wo der Baugrund auch bei der Ebbezeit nicht zu Tage tritt, und wo ferner von Gerüsten, seien es feste oder schwimmende, nicht die Rede sein kann, wo vielmehr sämtliche baulichen Hilfsmittel und Maschinen auf dem engen Raum des Bauwerks selbst aufgestellt und betrieben werden müssen.

Der Unterbau des Leuchtturms, ein mit Betonmasse ausgefüllter, mächtiger eiserner Caisson mit länglich-runder Grundrissform von 13,56 m Länge und 10,5 m Breite war im Laufe des verflossenen Sommers an Ort und Stelle auf pneumatischem Weg versenkt worden. Bis zum 9. Oktober, an welchem Tage die Baustelle der stürmischen Witterung wegen von den Arbeitern und Schiffen verlassen werden musste, war die Versenkung bis auf etwa 20,75 m unter der Ebbelinie bewerkstelligt, so dass nur noch reichlich ein Meter an der endgültigen Tiefenlage des Fundaments – 22 m unter Null – fehlte. Der Caisson war etwa 12,5 m tief in den Meeresboden eingedrungen und ragte 16 m über denselben hervor. Seine Ausfüllung mit Beton war dagegen, wie aus *Abb. 1* ersichtlich, kaum bis auf Höhe des Meeresbodens erfolgt, der übrige noch leere Teil, welcher zur Zeit der Katastrophe nahezu 12 m hoch frei im Wasser stand, war mit Spreizhölzern ausgesteift.

Eine Wiederaufnahme der Arbeiten gestatteten die Witterungsverhältnisse während der nächsten auf den 9. Oktober folgenden Tage nicht.

Am 13. Oktober wehte es mit ungewöhnlicher Heftigkeit aus Nord-West und es lief eine starke Sturmflut auf. Zufälligerweise hatte an diesem Tage, mittags gegen 12:15 Uhr, der wachthabende Matrose auf dem etwa 6 km von der Baustelle entferntem Leuchtschiff ›Bremen‹ den Leuchtturmbau eben ins Auge gefast, als er denselben plötzlich unter hohem Aufschäumen des Wassers verschwinden sah. Als er unmittelbar darauf ein Fernrohr auf den Punkt richtete, war von der Baustelle nichts mehr zu sehen.

Begreiflicherweise tauchten sofort nach dem Bekanntwerden dieser Nachricht die verschiedenartigsten Vermutungen über die Ursachen des Unfalls auf und namentlich wurde mit einer gewissen Bestimmtheit die Meinung verfochten, das Bauwerk sei auf eine unter dem Sand des Meeresbodens liegende flüssige Klaischicht gestoßen und in diese versunken. Bestätigte sich diese Annahme, so würde für alle Zeiten der Bau eines festen Leuchtturms auf dem ›Roter Sand‹ und vielleicht auf allen übrigen Sanden der Wesermündung ausgeschlossen gewesen sein. Es war deshalb eine genaue, die vollste Aufklärung gewährende Untersuchung notwendig. Die aufgestellte Behauptung schien anfangs eine Bestätigung in der Tatsache zu finden, dass bei den ersten oberflächlichen Untersuchungen mittels Auspeilungen keine Spuren des Caissons aufgefunden werden konnten.

Zum Zweck einer möglichst eingehenden Klarstellung wurden, da die Witterung der folgenden Tage eine genaue Untersuchung an Ort und Stelle noch nicht zuließ, zunächst Leute ausgeschickt, um die etwa angetriebenen Caissonhölzer zu rekognoszieren. Es wurden deren am Elbufer und an dem Nordseestrand zwischen Elbe und Eider auch im ganzen 43 Stück aufgefunden; da diese Hölzer

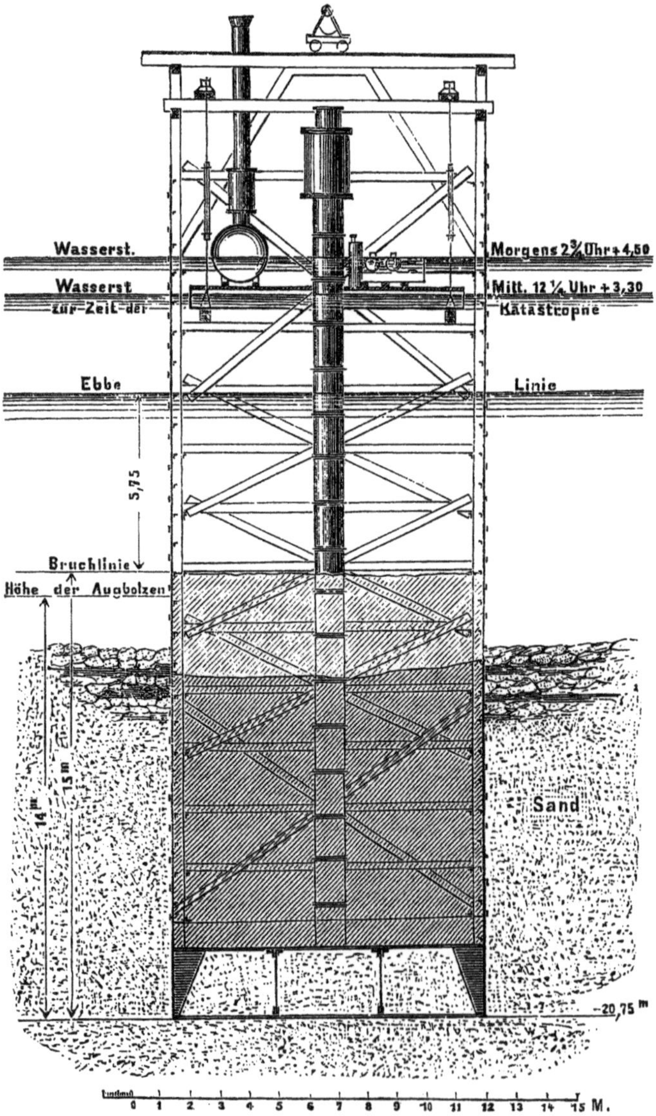

Abb. 1. Querschnitt durch den Caisson. Zustand des Baus am 9. Oktober 1881.

indessen sämtlich vom oberen Teil des Caissons herrührten, so ließen sich daraus noch keine bestimmten Schlüsse herleiten.

Als es dann später bei günstigem Wetter gelang, in dem offenen Wasser den Punkt der Baustelle; durch Peilungen und Winkelmessungen genau festzulegen, wurden die Untersuchungen mit Hülfe eines Tauchers fortgesetzt. Diese Arbeiten waren bei der großen Wassertiefe und der ungünstigen Jahreszeit namentlich deshalb sehr zeitraubend und kostspielig, weil sich die Arbeitszeit in den kurzen Tagen auf 1 – 2 Stunden beschränkte, da der Taucher sich bei durchkommender Strömung überhaupt nicht unter Wasser halten konnte. Trotzdem wurde durch diese fortgesetzten Untersuchungen die gegenwärtige Beschaffenheit des Caissons schließlich mit voller Sicherheit nachgewiesen und festgestellt, dass ein Versinken des Caissons nicht stattgefunden hat, dass derselbe vielmehr ganz genau in seiner Höhenlage vom 9. Oktober verblieben und in den Blechwänden etwa 2,5 m über dem Meeresboden abgebrochen ist, wobei die in seinem oberen Teil aufgestellten Maschinen, Winden usw. nach der dem Wind abgewendeten Seite, nach Südost hinübergefallen sind. Dass der aufgefundene Stumpf des Caissons nicht etwa der oberen Hälfte desselben angehört, erhellt aus dem Umstand, dass der Taucher etwa 1 m unter dem Bruch der Blechwand die Augbolzen vorfand, welche 14 m über der Schneide angebracht waren.

Nach den Ergebnissen der Untersuchung kann über die Unrichtigkeit der Vermutung, dass der ganze Unterbau in die Tiefe gesunken sein könnte, kein Zweifel mehr bestehen. Ob die andere von einigen Seiten aufgestellte Mutmaßung, ein treibendes Schiffswrack habe die Zerstörung des Caissons herbeigeführt, richtig ist, dürfte mit völliger Sicherheit kaum jemals festgestellt werden können. Unmöglich wäre es gewiss nicht; allein es hat sich nicht ein einziger Umstand ergeben, der dafür spräche, und beiläufig ist diese Frage für die Wertschätzung des Entwurfs selbst und für die Beurteilung der Mängel der Bauausführung ziemlich bedeutungslos. Jedenfalls erklärt sich die Katastrophe auch ohne diese Annahme einfach in der Weise, dass die hochaufgelaufenen Wellen in das Innere des leeren Caissons geschlagen sind und dort die Aussteifungen gelockert und zerstört haben, so dass die verhältnismäßig schwachen Wände von den Wellen der steigenden Flut eingedrückt und abgebrochen werden mussten. Es spricht hierfür noch der Umstand, dass der Caisson bereits am 27. Juli, sowie am 9., 11. und 12. August fast gleich hohe und kräftige Sturmfluten ohne jeden Nachtheil überstanden hatte, obgleich er damals erst zu geringer Tiefe in den Sand versenkt war. Damals lag er mit seiner Oberkante aber in solcher Höhe über Wasser, dass die Wellen nicht hineinschlagen konnten. Die Sturmflut vom 13. Oktober fand die Caissonwand dagegen nur etwa 3 m über Wasser hoch und außerdem die oberen Eisenplattenreihen in 2 m Höhe nur unvollkommen verschraubt, so dass der Zustand des Caissons in jeder Hinsicht ein unfertiger war.

Leider ist die Zerstörung des Unterbaues eine so vollständige, dass an eine Wiederaufnahme der Arbeit im Zusammenhange mit den Überresten des mühsam Geschaffenen nicht wohl gedacht werden kann, vielmehr wird man noch auf die weitere Beseitigung der zurzeit mit einer Wracktonne belegten Caissonwände Bedacht nehmen müssen.

Von besonderer Bedeutung für die Beurteilung des Ereignisses ist die Geschichte der Bauausführung, welche eine Reihe von nicht vorherzusehenden Verzögerungen aufweist, die dem Bau in erster Linie verderblich geworden sind.

Die Herstellung des Caissons erfolgte am Ufer in Bremerhaven im Winter 1880/81. Hier wurde derselbe bis zu einer bestimmten Höhe fertig zusammengenietet, mit dichtem Boden versehen, dann in seinem unteren Teil mit einer als Ballast dienenden Ausmauerung und Betonschicht gefüllt hierauf schwimmend an Ort und Stelle gebracht und dort versenkt. Nun verzögerte sich zunächst schon die Ablieferung der Eisenmaterialien seitens des Eisenwerks. Dann verhinderte ein zur Unzeit einfallendes Frostwetter das Ausmauern, und schließlich trat, nachdem der Caisson auf diese Weise schon erheblich verspätet fertiggestellt worden, noch ungünstiges Wetter ein, so dass das Auslaufen des schwimmenden Baus erst am 22. Mai ermöglicht wurde, während ursprünglich der 1. April dafür in Aussicht genommen war. Der Zeitverlust würde sich indes unter günstigen Witterungsverhältnissen des Sommers vielleicht noch haben einbringen lassen. Diese blieben aber nicht nur aus, sondern die Witterung gestaltete sich vielmehr fast den ganzen Sommer hindurch weit unter dem anzunehmenden Durchschnitt ungünstig. Eine Übersicht der Arbeitstage und der Arbeitsunterbrechungen in der Zeit von der Ausfahrt bis zum Verlassen der Arbeitsstelle am 9. Oktober

ergibt, dass an dem Bau nur gearbeitet werden konnte an 56 ganzen Tagen, an 9 Vierteltagen, an 16 halben und 6 Dreivierteltagen, so dass mit Rücksicht auf die nur wenig in Betracht zu ziehenden Bruchteiltage von der ganzen Zeit von reichlich 4½ Monaten nur etwa 2 Monate wirklicher Arbeitszeit übrigblieben. Die Monate Juli und August, sonst mit ihren langen Tagen und kurzen Nächten die eigentlichen arbeitsfördernden Zeiten, erwiesen sich in diesem Jahr gerade als die ungünstigsten. Konnte doch im Juli nur an sechs, im August nur an elf ganzen Tagen gearbeitet werden; und während der ganzen Zeit vom Auslaufen des Caissons an gelang es nur ein einziges Mal, die Arbeit vier volle Tage hinter einander zu fördern. Dabei war das Anlegen an der weit in See dem Wind ausgesetzten Baustelle, das Heranschaffen der Materialien, das Löschen des Betons usw. mit den größten Schwierigkeiten verknüpft. So waren vom September ab nur noch wenige Tage so ruhig, dass das Löschen des Betonmaterials aus großen Schiffen möglich gewesen wäre, während ein Bootsverkehr mit dem Caisson, durch den nur die zur Versenkung nötige Mannschaft und die Kohlen an den Turm gebracht wurden, eben noch möglich war.

Es hatte im Plan gelegen, den Caisson im Laufe des Sommers bis zur vollen Tiefe von 22 m unter Ebbelinie abzusenken und den inneren Raum bis 1,6 m über Niedrigwasser mit Beton auszufüllen. Von der Unausführbarkeit dieses Unternehmens musste man sich infolge der ungünstigen Witterung schon Anfang September vollständig überzeugt halten. Deshalb war den Unternehmern, welche den Bau des Leuchtturms vertragsmäßig unter eigner Verantwortlichkeit und Gefahr zum Gesamtpreise von 455 000 Mark übernommen hatten, um diese Zeit, wo der Caisson etwa 9 m tief im Meeresboden stand, der Vorschlag gemacht worden, von einer weiteren Absenkung in diesem Jahre abzusehen und die noch übrige Zeit zum Einbringen von Beton zu verwenden. Die hierdurch bedingte Einstellung der pneumatischen Arbeiten bis zum folgenden Jahre würde aber einen Mehrkosten-Aufwand von etwa 60 000 Mark erfordert haben und so wurde versucht, diese Ausgaben zu ersparen. Freilich muss es angesichts der erwähnten, für die Fortsetzung der Betonierung ungünstigen Witterungsverhältnisse des Monats September immerhin zweifelhaft erscheinen, ob selbst damit eine Sicherung des Bauwerks erreicht worden wäre. Von den Unternehmern war für den Winter ein Schutz des Bauwerks in der Weise in Aussicht genommen, dass die innere Aussteifung verstärkt und eine besondere obere Abdeckung hergestellt werden sollte, wozu die Materialien bereits beschafft waren. Die Anbringung einer solchen Sicherung bedingte dann selbstredend eine gänzliche Einstellung aller weiteren Arbeiten und es war deshalb damit gewartet worden, bis die vollständige Absenkung beendet sein würde, eine Arbeit, die nach Lage der Sache unter normalen Verhältnissen in 3 – 4 Tagen zu leisten gewesen wäre.

Es kann nicht zweifelhaft sein, dass jede der vorgeschlagenen oder in Aussicht genommenen Maßregeln, sei es die rechtzeitige Ausfüllung des Caissons mit Beton bis zu einer entsprechenden Höhe, sei es die hinreichende Aussteifung und Anbringung einer kräftigen Abdeckung, genügt haben könnte, das Bauwerk vor dem Untergang zu schüt-

zen. Vielleicht würde auch eine geringe Erhöhung der Caissonwände in Verbindung mit einer Verstärkung der inneren Verstrebungen für eine sichere Überwinterung desselben ausgereicht haben.

Das alles aber sind Mittel, deren Durchführung keinerlei technischen Schwierigkeiten unterliegt, deren richtige Anwendung vielmehr nur eine Frage der praktischen Erfahrung ist, welche bei dieser, unter ähnlichen Verhältnissen zum ersten Mal in Anwendung gekommenen Bauausführung zum Nachtheil des Einzelfalles leider noch nicht vorhanden war. Die widrigen Umstände, durch welche das tatsächliche Misslingen herbeigeführt ist, darf man im vorliegenden Falle ganz zweifellos als ›höhere Gewalt‹ bezeichnen, nicht so sehr im Hinblick auf den einen Sturm vom 13. Oktober, als vielmehr mit Rücksicht auf die fast ununterbrochen obwaltenden, über alle Berechnung hinaus widrigen Witterungsverhältnisse des Frühjahrs und Sommer von 1881, denen die erstmalige noch nicht auf längerer Erfahrung fußende Durchführung eines neuen Gedankens, vielleicht auch eine übel angebrachte Sparsamkeit verhängnisvolle Bundesgenossen geworden sind. Dass der Entwurf selbst aber und die beabsichtigte Ausführung des Baus an dem eingetretenen Unfall keinerlei Schuld tragen, dass vielmehr die dem Plan zugrundeliegenden Gedanken durchaus gesunde und unter gewöhnlichen Verhältnissen überall durchführbare sind, kann man mit Bestimmtheit aussprechen und eine genaue Einsichtnahme in die Einzelheiten des Entwurfs, der im Folgenden mitgeteilt werden soll, möge dieses schon vorweg ausgesprochene Urteil bestätigen.

Eine Vermehrung der Leuchtfeuer in der Wesermündung ist schon seit Jahren als dringendes Bedürfnis von allen Seiten anerkannt. Als man im Jahr 1878 der Ausführung ernstlich näher trat, war zunächst die Auslegung eines weiteren – dritten – Leuchtschiffs ins Auge gefasst worden. Man entschied sich aber im Verlauf der weiteren Verhandlungen und Untersuchungen für die Errichtung eines festen Leuchtturms und beschloss denselben 47 km unterhalb Bremerhavens an der Ostseite des zwischen ›Roter Grund‹ und ›Roter Sand‹ gelegenen Fahrwassers, auf der westlichen Kante des ›Roter Sand‹ zu erbauen, derselben Stelle, an welcher die Bauausführung demnächst in Angriff genommen ward. Der Punkt ist zwar dem Sturm und Seegang wesentlich mehr ausgesetzt als die westliche Seite des Fahrwassers, wurde aber von den Nautikern im Interesse der Schifffahrt zur Erbauung eines Leuchtturms für entschieden zweckentsprechender gehalten.

Die eingehende Untersuchung der Strom- und Bodenverhältnisse an der Baustelle ergab, dass der Baugrund daselbst von gleichmäßiger Beschaffenheit ist und aus scharfem Flusssand, vermischt mit Muschelresten und kleinen Steinchen besteht. Die Strömung, welche bei der Ebbe am stärksten auftritt und bisweilen, wenn auch nur auf kurze Zeit, eine Geschwindigkeit bis zu 1,20 m erreicht, wurde um etwa 20 % geringer als bei Bremerhaven gefunden. Der Eisgang ist nicht selten ein sehr bedeutender und wird namentlich bei westlichen Winden vielfach in großen Feldern an der Baustelle vorbeigeführt. Außerdem wurde festgestellt, dass die Fahrrinne in ihrer jetzigen Gestalt nicht von alters her bestanden, sich in ihrer Lage viel-

mehr im Laufe der Jahre geändert hat und dass speziell die westliche Kante des ›Roter Sand‹ innerhalb der letzten 30 Jahre abwechselnd vor- und zurückgetreten ist. Bei der Konstruktion des Turmes waren diese Verhältnisse sämtlich zu berücksichtigen und namentlich musste auch die Möglichkeit ins Auge gefasst werden, dass die größte vorhandene Tiefe des Fahrwassers, 17 m unter Ebbelinie, im Laufe der Zeit bis an den Turm herantreten kann. Die Fundierung war deshalb in solcher Tiefe vorzusehen, dass der Bau in diesem Fall auch noch gegen örtliche Unterspülungen gesichert blieb.

Bei der Bearbeitung des Entwurfs für den Leuchtturm musste zunächst über die wichtigste Frage, die Art der Fundierung, Entscheidung getroffen werden. Von dem naheliegenden Gedanken einer Fundierung auf Schraubenpfählen, wie solche bereits häufig und in allen Ländern in Anwendung gekommen ist, glaubte man wegen der vorliegenden ungünstigen Verhältnisse Abstand nehmen zu sollen. Die in dieser Weise ausgeführten Leuchttürme haben durchweg eine sowohl bezüglich der Wassertiefe als der See- und Eisgangsverhältnisse wesentlich günstigere Lage. Auch ist der Betrieb auf diesen Türmen nicht immer ein ungestörter gewesen, vielmehr sind mehrere Fälle bekannt, in denen die Wärter infolge eingetretener Beschädigungen zeitweise und bis nach beschaffter Ausbesserung von den Bauwerken haben entfernt werden müssen; und der auf Schraubenpfählen fundierte Leuchtturm ›Hooper‹ an der Chesapeake-Bucht ist im Jahr 1877 vom Eis vollständig zerstört worden, ein Fall, der Veranlassung gegeben haben mag, dass ein ursprünglich in derselben Ausführung geplanter Turm in

Craighills Channel an derselben Bucht später massiv hergestellt wurde.

Diese Rücksichten waren es, welche den Baubeamten, dessen spezieller Leitung die Bearbeitung und Ausführung des Entwurfs unterstand, den Baurat Hanckes in Bremerhaven, veranlagten, von dem wegen seiner Einfachheit und Billigkeit verlockenden System der Schraubenpfahlfundierung au dieser Stelle Abstand zu nehmen und für den Leuchtturm einen durchaus massiven Unterbau in Vorschlag zu bringen, der in jeder Beziehung zuverlässig und dessen Ausführung mittels pneumatischer Senkung sehr wohl möglich erschien. Eine solche Konstruktion hat außerdem noch den Vorzug, dass sich alle Gerüste vermeiden lassen, deren Herstellung schwierig und kostspielig, und deren Haltbarkeit bei der großen Wassertiefe und den sonst vorliegenden ungünstigen Verhältnissen mindestens sehr zweifelhaft ist.

Bevor zu der Beschreibung des Entwurfs übergegangen wird, mögen noch die vergleichenden Mitteilungen erwähnt werden, welche über die Beschaffungs- und Unterhaltungskosten eines massiven Turmes in der von Baurat Hanckes vorgeschlagenen Ausführungsweise und eines Leuchtschiffes angestellt worden sind. Danach sind die Baukosten für den massiven Leuchtturm auf 485 000 Mark, die Be-

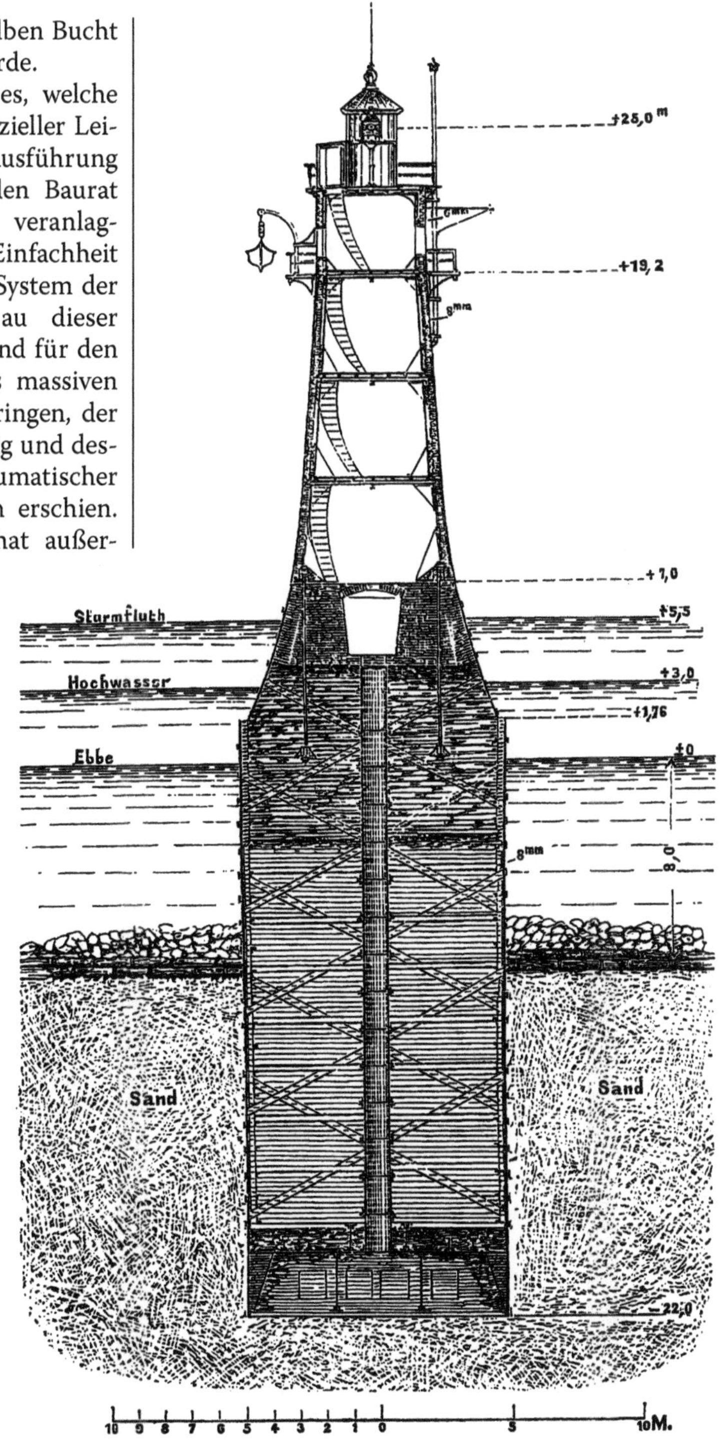

Abb. 2. Entwurf des Leuchtturms in der Wesermündung.

schaffung eines eisernen Leuchtschiffes nebst Ausrüstung auf 163 000 Mark[1] veranschlagt, während die Unterhaltung einschließlich der Besatzung für den Leuchtturm jährlich 5500 Mark, für das Leuchtschiff dagegen 30 200 Mark erfordert. Wenn hiernach die ersten Anlagekosten für das Leuchtschiff auch erheblich niedriger sind, so würde doch wegen der hohen Unterhaltungskosten bereits nach etwa 15 Jahren ein Nutzen zu Gunsten des Leuchtturms im Betrag von 24 – 25 000 Mark jährlich eintreten. Deshalb war auch von diesem Gesichtspunkt aus dem Bau eines massiven Leuchtturms der Vorzug zu geben.

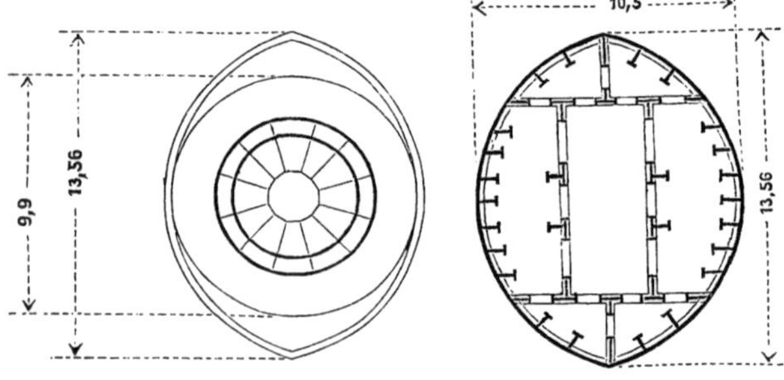

Abb. 3. Entwurf des Leuchtturms in der Wesermündung. Links Grundriss. rechts Schnitt durch den Arbeitsraum.

Der Entwurf des Leuchtturms ist in den hier beigefügten Skizzen *(Abb. 2 – 4)* in Ansicht, Querschnitt und Grundrissen dargestellt. Auf dem von 22 m unter bis 1,76 m über Ebbelinie reichenden, mit einer 8 mm starken Eisenhülle umgebenen, lotrecht ausgeführten Fundament von 10,5 m bzw. 13,56 m Durchmesser erhebt sich der Turmunterbau

1) Das im Jahr 1874 erbaute eiserne Leuchtschiff ›Weser‹ hat über 212 000 Mark gekostet; die Unterhaltungskosten haben sich im Jahr 1881 auf 37 – 38 000 Mark belaufen.

in Form eines geschweiften Rotationskörpers mit 9,90 m unterem und 6,40 m oberem Durchmesser bis zur Höhe von 7,0. Die äußere Hülle des darauf folgenden Unterbaues wird ebenfalls aus 8 mm starken Blechplatten gebildet und Fundament wie Unterbau mit Beton und Mauerwerk voll ausgefüllt. Der Unterbau trägt den fest mit ihm verankerten Turmaufbau, welcher sich in Eisenblechkonstruktion in Form eines abgestumpften Kegels von 6,40 m und 4,40 m Durchmesser bis zu + 19,20 m erhebt. Hier setzt sich der mit einer Galerie umgebene Wohnraum auf, der zylindrisch geformt und 4,40 m weit ist. Gleichzeitig sind daselbst die nötigen Hebevorrichtungen zum Aufziehen der für die Unterhaltung des Turms und für die Besatzung erforderlichen Materialien usw., sowie zur Aufhängung eines Bootes angebracht. Der oberste Teil des Turmes wird durch die 2 m im Durchmesser haltende Laterne gebildet, in welcher ein Fresnelscher Apparat IV. Ordnung Platz findet, dessen Brennpunkt 25 m über dem Ebbespiegel liegt.

Die Blechhülle des Fundaments, der Caisson, welcher in Bremerhaven montiert und alsdann schwimmend an Ort und Stelle geflößt wurde, musste als Schiffskörper mit hinreichender Festigkeit hergestellt werden. Er enthält unten einen abgeschlossenen Arbeitsraum von 2,5 m Höhe, welcher durch eine Decke von dem oberen Teil des Caissons getrennt und durch Zwischenwände in verschiedene Abteilungen zerlegt ist. Diese Zwischenwände dienen für die Decke als Hauptträger und geben der ganzen Konstruktion gleichzeitig eine bedeutende Festigkeit. Außerdem bieten sie für das lotrechte Niedergehen des Caissons beim Beginn der Versenkungsarbeiten eine größere Sicherheit. An der Umfangswand des Arbeitsraums sind zur Verstärkung Konsolen angebracht, deren Zwischenräume gleich nach dem Montieren mit Klinkermauerwerk ausgefüllt wurden, um die Schwerpunktlage des schwimmenden Caissons im Interesse der Stabilität desselben möglichst tief zu erhalten. Das Klinkermauerwerk zwischen den Konsolen wurde schwach bogenförmig in Zementmörtel hergestellt und fand an den vorderen Winkeleisen derselben einen völlig hinreichenden Halt.

Die den Arbeitsraum luftdicht abschließende Decke, welche zunächst die ganze Last der darüber liegenden Betonfüllung zu tragen hat, ist mit den nötigen Haupt- und Querträgern versehen; der Druck des Betons auf die eisernen Deckenplatten wurde durch übergelegte alte Eisenbahnschienen aufgenommen. Eine über der Decke in solcher Stärke angebrachte Betonlage, dass der für den schwimmenden Körper zulässige Tiefgang von 6,5 m erreicht wurde, diente als Ballast und vermehrte die Tieferlegung des Schwerpunkts. In der Mitte der Decke erhebt sich der mit der Luftschleuse versehene Schacht, welcher für den pneumatischen Betrieb dient und nach Maßgabe des Fortgangs der Arbeiten allmählich nach oben hin fortgeführt wird.

Die Ausführung des Baus war in der Weise beabsichtigt, dass der am Ufer in Bremerhaven fer-

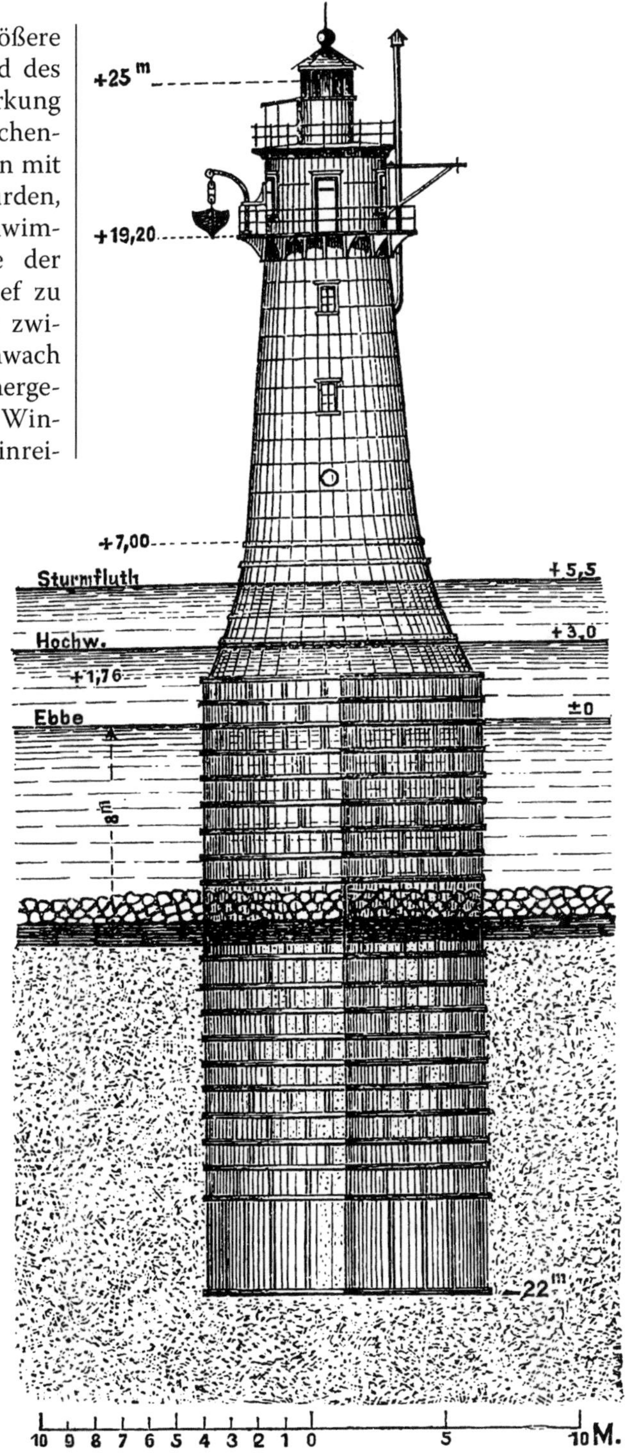

Abb. 4. Ansicht des Leuchtturms.

tig montierte Caisson nach der Baustelle geschleppt, dort durch Einlassen von Wasser beschwert und versenkt wurde, worauf der Schacht und der untere Arbeitsraum (Taucherglocke) sofort angeblasen und befahren werden sollte, um mit der Bodenförderung und dem weiteren Versenken alsbald zu beginnen. Damit sollte die Ausfüllung des Caissons mit Beton, wozu der ausgehobene Sand wieder verwendet werden sollte, Hand in Hand gehen. Ferner wollte man, um ein Unterspülen und Schiefstellen des Caissons zu verhüten, von vornherein Buschpackung und Erdsäcke um denselben anbringen. Hierauf konnte mit der Versenkung und Ausfüllung abwechselnd fortgefahren werden unter gleichzeitiger Erhöhung der Caissonwände und des Schachts, sowie Hebung der Maschinen- und Arbeitsbühnen, bis die volle Tiefe erreicht war. Schließlich war dann, unter beständiger Inganghaltung der Luftpumpen, der letzte Beton durch die Luftschleuse einzubringen, in den Schacht hinabzuwerfen und unten durch die Arbeiter zu verteilen, worauf der pneumatische Betrieb sein Ende erreicht hatte und die Luftschleuse abgenommen werden konnte, um den Rest des Bauwerks in voller Sicherheit aufzuführen.

Bei der späteren wirklichen Bauausführung gestalteten sich manche Einzelheiten von dem ursprünglichen Plan abweichend, von denen einige kurz berührt werden mögen. Der während des Winters 1880/81 im Hafen erbaute Caisson, dessen Wände 17,76 m über der Unterkante (Schneide) hoch waren, hatte vor der Ausfahrt folgende in *Abb. 5* angedeuteten Ausrüstungsgegenstände erhalten:

1. die inneren Verstärkungen und Absteifungen;
2. das Konsolenmauerwerk am Umfang des Arbeitsraums und den Beton auf der Decke desselben;

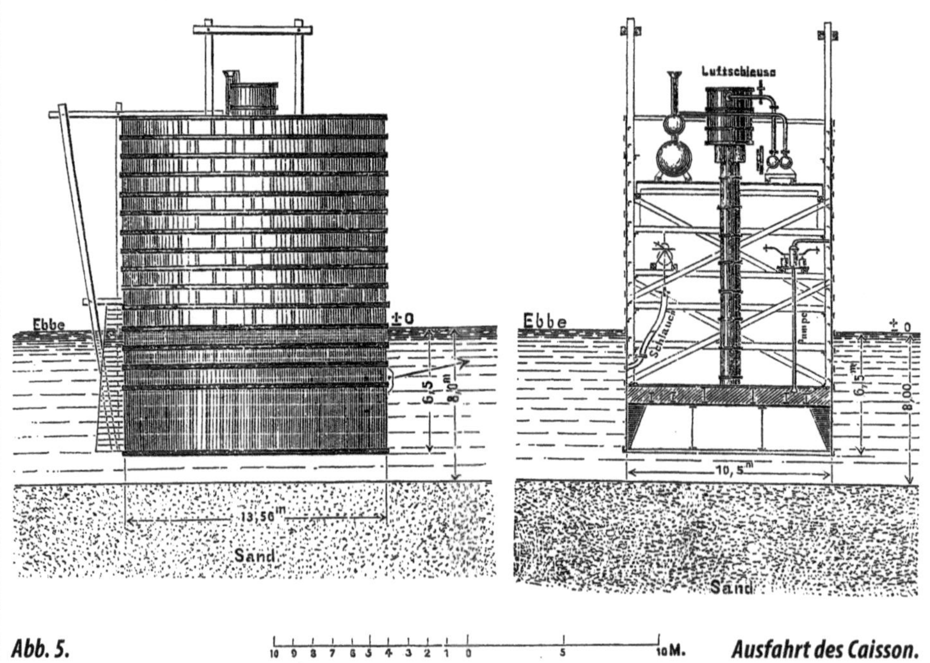

Abb. 5. *Ausfahrt des Caisson.*

3. die 14 m über der Schneide angebrachte Maschinenbühne, mit Kessel, Kompressoren und Luftschleuse; ferner

4. Kurbelwinden für die Ankerketten und eine Pumpe zum Ausschöpfen des Leckwassers während der Ausfahrt.

Endlich waren an dem Caisson ein drehbares Steuerruder, Einlassventile zum Absenken an der Baustelle und eine Zugkettenbefestigung angebracht.

Mit dieser Ausrüstung versehen, wurde der schwimmende Körper zunächst auf seine Stabilität untersucht, welche der vorher aufgestellten Berechnung genau entsprach.

Eine im Hafenbassin von Bremerhaven vorgenommene Probefahrt erforderte nur einen geringen Kraftaufwand. Weniger leicht war aber die Fortbewegung in der Strömung nach dem am 22. Mai erfolgten Auslaufen, da das in den unteren offenen Arbeitsraum fallende Wasser starke Widerstände und Drehungen des Caissons verursachte. Zwei der größten Schleppdampfer konnten den Koloss während der stärksten Strömung nur mit Mühe halten und in der Nacht vom 22. auf den 23. Mai brach die ganz neue starke Schlepptrosse, worauf der Caisson ins Treiben kam und bei der nächsten Sandbank an Grund geriet. Dieser Umstand blieb indes ohne jeden Nachtheil für den Caisson, der mit der nächsten Flut wieder flott wurde und weiter geschleppt werden konnte. Bei dieser Gelegenheit zeigte sich die Zweckmäßigkeit und gute Ausführung des Konsolenmauerwerks im vollen Umfang; weder bei diesem Zwischenfall noch bei der späteren Absenkung hat sich an demselben die geringste Beschädigung gezeigt und der mächtige Schiffskörper schwamm so stabil, dass man, wie ein technischer Berichterstatter bemerkt, *»damit ruhig hätte durch die Nordsee fahren können.«*

Die weitere Fortbewegung erfolgte bei der Ebbe mit etwa 2 m Geschwindigkeit, musste aber wegen des schlechten Wetters oft unterbrochen werden. Bei der Baustelle angekommen, wurde der Caisson mit Hilfe von vier vorher ausgelegten Ankern in die richtige Lage gebracht, worauf zur Zeit der letzten Ebbe – es war infolge der eingetretenen Verzögerungen inzwischen der Abend des 25. Mai herangekommen – durch Einlassen von Wasser die Absenkung erfolgte, welche ganz nach Wunsch verlief; der Caisson hatte dabei einen vollkommen lotrechten Stand angenommen.

Leider konnte den bei den nächsten Tiden erwarteten Auskolkungen durch Einbringen von Busch und Erdsäcken nicht sofort entgegengewirkt werden, da die Materialienschiffe infolge eines Missverständnisses von der Baustelle fern geblieben waren und so nahm der Caisson bei diesen bald eintretenden Bodenvertiefungen eine nach Süd-Ost geneigte Lage an. Die Neigung erreichte einen Winkel gegen die Lotrechte von 21°, verlor sich jedoch allmählich von selbst, so dass der Caisson sich ohne besonderes Zutun bald wieder senkrecht stellte. Erst nachdem dies geschehen, konnte am 30. Mai mit dem Baubetrieb vorgegangen werden, da die Maschinen der geneigten Lage wegen vorher den Dienst versagt hatten. Hierfür war alles gut vorbereitet, und es mag nur bemerkt werden, dass die Hauptförderung des Sandes durch Gebläse erfolgte. Der Boden war in der ganzen Tiefe von nahezu gleicher Beschaffenheit und bestand, wie auch die vorhergegangenen Untersuchungen ergeben hatten, aus feinkörnigem, mit Muschelresten und kleinen Steinchen durchsetzten Sand.

Als die schwierigste Aufgabe bei der ganzen Bauausführung ergab sich die als die scheinbar leichteste und einfachste sich darstellende Arbeit: die Ausfüllung des Caissons mit Beton, welche durch die engen Raumverhältnisse auf dem Caisson überaus erschwert und durch die störenden Einflüsse der bereits erwähnten ungünstigen Witterungsverhältnisse sehr gehemmt, ja bisweilen unausführbar gemacht wurde. Ursprünglich hatte man, wie oben bemerkt, die Absicht gehabt, den bei der Senkung geförderten Sand mit einem Zusatz von ¼ Teil Portland-Zement zu Beton verarbeitet wieder zu verwenden und das weiter erforderlich werdende Betonmaterial aus Steinbrocken mit Traßzusatz und Zementmörtel herzustellen. Die Wiederverwendung des Sandes konnte indessen nicht ausgeführt werden, weil die Arbeiten des Versenkens und Betonierens nicht gleichzeitig erfolgten und der Raum auf dem Caisson zum Mischen der Materialien sehr beengt war. Außerdem musste man den Witterungsverhältnissen, die das Anlegen von Schiffen außerordentlich erschwerten, Rechnung tragen, und so wurde der Beton zum Teil in dem 47 km entfernten Bremerhaven, dem nächsten geeigneten Hafenplatz, zum Teil an der Baustelle auf Schiffen fertiggemacht und entweder durch Trichter oder, in trockenem Zustande, in Säcken eingebracht, ein Verfahren, das sich bei früheren Bauten bewährt und eine nachweislich vollkommen gut erhärtete Masse gegeben hatte.

Von Interesse sind noch die Erfahrungen, welche in Bezug auf die Befestigung des Bodens um den Caisson herum und dessen Sicherung gegen Unterspülungen gemacht worden sind. Das herzustellende Schutzwerk sollte den Fuß des Fundaments ringsum in einer Breite von 15 m umgeben und aus einem 0,75 m starken Buschpackwerk mit darüber hegender 0,50 m starken Steinschüttung bestehen. Erfahrungsgemäß ist Strauchwerk ein bewährtes Material, um den Sand selbst bei stärkeren Strömungen festzuhalten, zumal es durch die sich sofort ansetzenden und rasch ausbreitenden Muscheln und Seegewächse bald eine große Dichtigkeit erlangt. Von diesem für den späteren Schutz vorgesehenen Packwerk war bis zum Eintritt der Katastrophe noch nichts ausgeführt, vielmehr hatte man nach Bedarf einiges Buschmaterial und Senkfaschinen eingebracht. Bei der Untersuchung der Baustelle durch den Taucher hat dieser nun gefunden, dass der Boden in der Nähe des Caissons überall eine große Festigkeit zeigte und durch die vorläufige Packwerkanlage gegen Auskolkungen bereits völlig gesichert erschien. Die beabsichtigte kräftigere Konstruktion würde die Sicherheit des Bauwerks gegen Unterspülungen demnach über allen Zweifel gestellt haben.

Wir wiederholen zum Schluss unsere Ansicht, dass der ganze Plan der Leuchtturmanlage sowohl in Betreff der Einzelheiten der Konstruktionen als bezüglich der Durchführung des Baubetriebes als gesund und durchaus zweckentsprechend bezeichnet werden muss. Hat sich doch die Ausführung in den wesentlichsten Punkten nicht nur als möglich, sondern als vollständig gelungen erwiesen: die Herstellung und Ausfahrt des Caissons, seine vollständige Stabilität und Seetüchtigkeit, sowie die Absenkung an Ort und Stelle; ferner die weitere Senkung auf pneumatischem

Wege bis zu der erheblichen Tiefe von
– 20,75 m, die am 9. Oktober erreicht
war: endlich die Befestigung des Sandes in der Umgebung des Bauwerks.
Außerdem kann an der Tragfähigkeit
des Baugrundes ein Zweifel nicht mehr
bestehen, mehrfach war der Caisson
trotz aufgeräumten Arbeitsraums und
zum Teil ganz freigelegter Schneide erst
dann zum Senken zu bringen, wenn die
Luft plötzlich abgelassen und der Sand
durch das rasch einströmende Wasser
von unten aufgespült wurde. Wenn die
Betonausfüllung minder gelungen gewesen ist, wenn vielleicht verabsäumt
worden, die Caissonwände zur größeren
Sicherheit schneller in die Höhe zu führen, wenn die Zeit für die Fundierungs-
arbeiten von vornherein länger hätte
bemessen werden sollen – man hätte
die Ausführung nach den anfänglichen
Verzögerungen vielleicht besser auf das
nächste Jahr verschoben –, so lässt sich
in allen diesen Punkten bei einer Wiederholung derselben Anlage Abhilfe
schaffen, zumal man schwerlich zum
zweiten Male mit gleich widrigen Wit-

terungsverhältnissen zu kämpfen haben
wird, und gegenwärtig wertvolle Erfahrungen vorhegen, die damals gänzlich
fehlten.

Einer Wiederholung des Unternehmens möchten wir aber dringend das
Wort reden und würden es sehr bedau-
ern, wenn dieser erste, durch so außergewöhnliche Umstände verursachte
Misserfolg die maßgebenden Behörden
veranlassen sollte, einen an sich ge-
sunden Gedanken und tüchtigen Plan
unausgeführt zu lassen. Wir erinnern
daran, dass die finanziellen Erwägun-
gen, welche die Entscheidung für einen Massivbau im vorliegenden Fall
herbeigeführt haben, auch heute noch
vollgültig fortbestehen, und erinnern
außerdem daran, dass mit dem Gelingen eines solchen Unternehmens unsere
Wasserbautechnik eine Bereicherung
erfährt, die nicht für die Bauten in der
Wesermündung allein, sondern für die
ganze Ausdehnung der deutschen ähnlich beschaffenen Küste von erheblicher
– namentlich auch finanziell günstiger – Bedeutung sein wird. ❐

Der Leuchtturm auf dem Roter Sand

in der Wesermündung

ZENTRALBLATT DER BAUVERWALTUNG • 2.6.1883

Seit der Zerstörung des für einen Leuchtturm auf dem ›Roter Sand‹ in der Wesermündung bestimmten Fundamentes sind ungefähr 1½ Jahre verflossen und wieder sind die Arbeiten so weit gediehen, dass die Ausfahrt und Versenkung des zweiten Caissons, ganz ähnlich dem beim ersten Versuch verwendeten, vor kurzem erfolgen konnte. Mit Berücksichtigung der früher gemachten Erfahrungen wird es hoffentlich gelingen, den schon lange ersehnten Leuchtturm auf diesem zweiten Fundament zu vollenden. Die Aktiengesellschaft Harkort in Duisburg hat es übernommen, unter Tragung aller Gefahren den Leuchtturm, mit Ausschluss des Leuchtapparates, für die Summe von 853 000 Mark fertig herzustellen.

Der Entwurf des jetzt zur Ausführung, bestimmten Turms, dessen Querschnitt, wie er im fertigen Zustand sich darstellen wird, beistehend gegeben ist, rührt, ebenso wie der frühere, von Baurat Hanckes in Bremerhaven her zeigt jedoch gegenüber dem ersten Plan[1] einige Abweichungen. Die Abmessungen des eigentlichen Fundamentes sind etwas vergrößert, Länge 14,072 m gegen 13,56 m, Breite 11,0 m gegen 10,5 m. Die neue Grundfläche beträgt ungefähr 114 m². Der über dem Caisson angeordnete Schutzmantel soll nach oben hin allmählich so verlängert werden, dass

derselbe bis + 10,5 m reicht, also eine Gesamthöhe von 2,0 + 10,5 = 32,5 m erhalten wird. Der etwa 9,0 m hohe, im Querschnitt punktiert angedeuteten Teil, welcher lediglich dazu dienen soll, das Hineinschlagen der Wellen in den Fundamentraum unter allen Umständen zu verhindern, wird nach Vollendung der Absenkung und Herstellung des Turmbaus wieder beseitigt. Statt der bei der ersten Ausführung angewendeten Aussteifung des Blechmantels mittels Holzkonstruktionen ist es vorgezogen worden, dieselbe durch eine genügende Anzahl kräftiger, 32 cm hoher I-Eisen zu bewirken, die durch starke horizontale Ringträger von 40 cm Höhe in Abständen von je 3,0 m ihrerseits eine Aussteifung erhalten. Vorder- und Hintersteven sind besonders kräftig gestaltet. Die Blechfelder, welche durch die senkrechten Spanten und die Ringträger begrenzt werden, erhalten noch besondere Aussteifung durch angebrachte Winkeleisen. Der Mantel wird in seinem unteren Teile aus Blechen von 8 mm Stärke, in der Ebbelinie, von − 0,5 m bis + 1,5 m, aus solchen von 10 mm Stärke gebildet. Der durch den Blechmantel umhüllte Fundamentraum über der Arbeitskammer ist außerdem durch zwei Querwände in drei Räume von fast gleicher Grundfläche geteilt. Die Querwände sind parallel der kurzen Achse angeordnet und stehen 3,86 m vonei-

[1] siehe Seite 14.

nander entfernt, so dass sie den 1,0 m im Durchmesser weiten Förderschacht zwischen sich haben. Nach vollständiger Senkung ragen diese Querwände bis zur Ebbelinie.

Bei der Ausfahrt betrug die Gesamthöhe des Fundamentkörpers 18,76 m, derselbe ragte demnach, da er 6,5 m Tiefgang hatte, 12,26 m über den Wasserspiegel empor. Der Tiefgang von 6,5 m, welcher nicht überschritten werden durfte, wurde dadurch gesichert, dass zu beiden Seiten luftdichte Tanks oder Blasen von je 50 m³ Inhalt angebracht, waren, die vor dem Absenken des Caissons an Ort und Stelle beseitigt wurden. Auf die Decke des Arbeitsraums, die durch kräftige Träger und Konsolen so gestützt wird, dass die Last des ganzen Betonfundamentes vor Ausfüllung des Arbeitsraumes von derselben aufgenommen werden kann, ward zur Erhöhung der Stabilität des schwimmenden Fundaments eine 0,75 m hohe Betonschicht vor der Ausfahrt aufgebracht.

Da die Wasserstände außerhalb und innerhalb des Mantels während der Absenkung meistens ungleiche Höhe haben werden, so sind Verbiegungen des Mantels nicht ausgeschlossen. Um denselben zu begegnen, sind Längenanker angeordnet, welche Zug- und

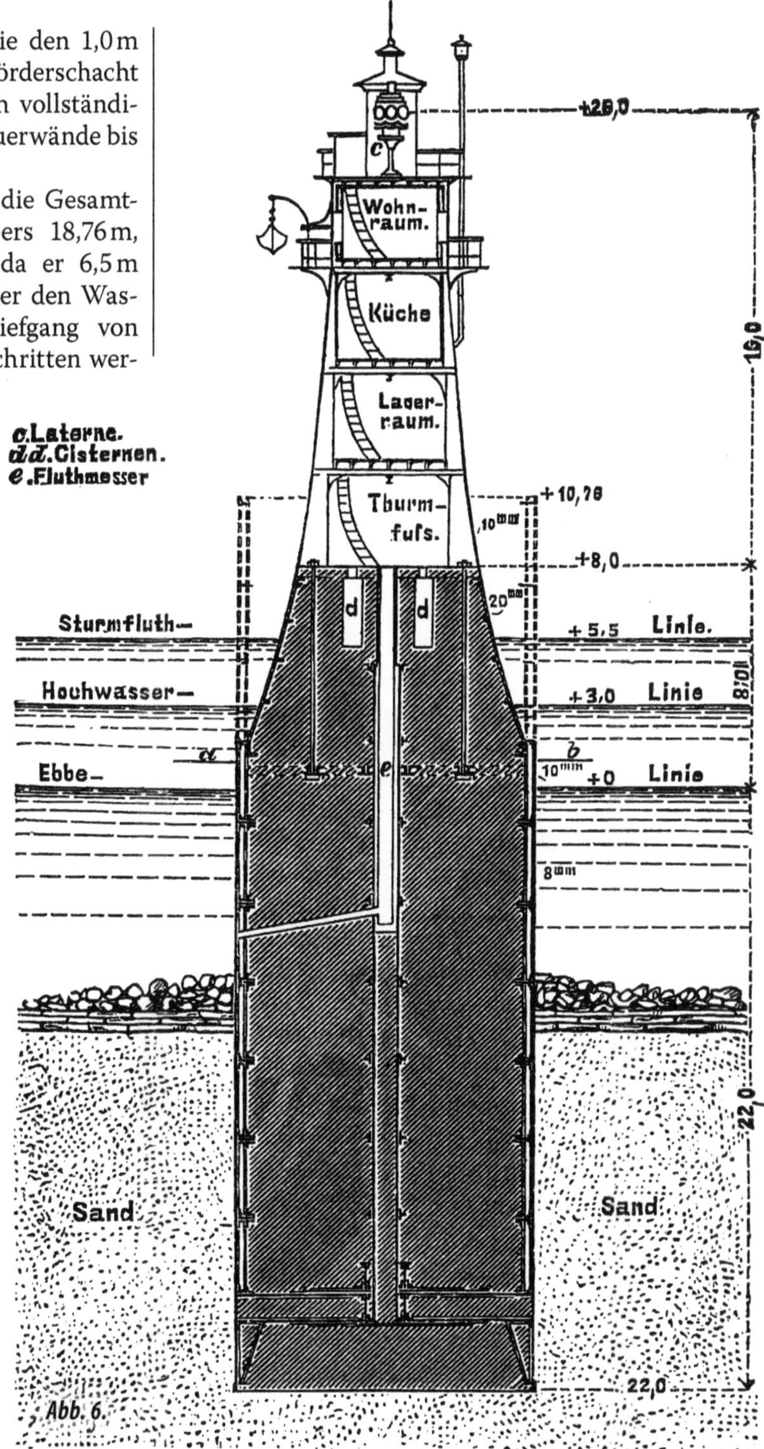

Druck aufnehmen können. Diese Anker bestehen aus je 4 Winkeleisen 8/8 mit Flacheisen von 16 cm Höhe und spalten sich in der Mitte, den Förderschacht umfassend.

Die Absenkung erfolgte – ebenso wie bei dem ersten Fundament und in der Nähe dieser ersten Baustelle – nach gehöriger Verankerung bei etwa 8,0 m Wassertiefe, durch Einlassen von Wasser in den Fundamentraum. Die Umgebung des Caissons wird dann sofort mittels Buschlagen und aufgebrachten Beschwerungsmaterials gegen Abspülung geschützt. Entsprechend den gemachten Erfahrungen soll die Einbringung des Betons, welcher unter Verwendung besten Portland-Zements hergestellt wird, gegenüber der Absenkung bevorzugt werden und ist daher namentlich auf Ausstattung des Fundamentes mit vollkommenen Hebevorrichtungen usw. neben den zur pneumatischen Absenkung erforderlichen Einrichtungen, besondere Rücksicht genommen, um die sehr zeitraubende Betonierung tunlichst rasch fördern zu können. Der während der pneuma-

tischen Absenkung gewonnene Sand, welcher, sofern er sich dazu eignet, bei der Betonbereitung wieder Verwendung finden soll, wird entweder im Förderschacht gehoben und ausgeschleust oder mittels Gebläse beseitigt. Die Absenkung erfolgt wieder bis – 22,0; das eigentliche Fundament, aus Beton und Mauerwerk gebildet, reicht bis + 1,76. Von + 1,76 bis + 8,0 ist abweichend vom früheren Entwurf eine Umhüllung der Basis des Turms durch 20 mm starke Gusseisenplatten vorgesehen; die Basis hat unten einen Durchmesser von 10,3 m, oben einen solchen von 6,4 m, ist ausgemauert und enthält die beiden vorgesehenen Zisternen. Die Fläche zwischen der kreisförmigen Basis und dem eigentlichen Fundament wird in der Höhe von + 1,76 durch aufgepasste, gut verankerte Platten gedeckt. Bei + 8,0 beginnt der eigentliche Turm, der in seiner Gestalt von *Abb. 4* nicht abweicht; nur liegt die Laterne um 1,0 m höher, auf + 26,0 m. Der Turm wird aus zwölf kräftigen, schmiedeeisernen Ständern gebildet, welche durch die Zwischendecken eine gehörige Aussteifung erhalten. Die Ständer, welche mittels 6 cm starken Ankern an dem eigentlichen Fundament befestigt sind, erhalten eine 10 mm starke Blechverkleidung. Es sind zwei Zugänge zum Turm angeordnet, von welchen aus Leitern bis zum eigentlichen Fundament hinabführen. Der Wohnraum und die Küche werden durch mehrfache Holzwände gegen die Witterungseinflüsse geschützt.

Der Förderschacht, nur bis – 5,0 ausbetoniert, wird durch eine, Röhre mit dem Außenwasser in dieser Tiefe in Verbindung gebracht und dient zur Aufnahme eines Schwimmers, durch welchen in

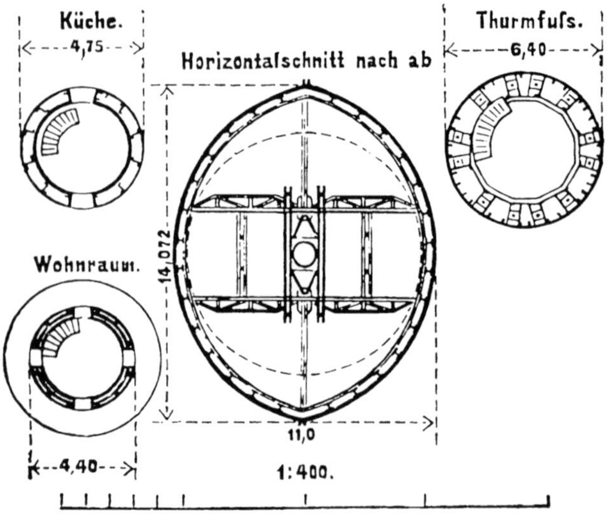

Abb. 7. Querschnitte des Turms.

selbstregistrierender Weise die Wasserstände verzeichnet werden sollen. Der Untergrund um den Turm herum soll in einer Breite von 15 m mit Buschwerk befestigt werden, welches eine Stärke von 0,75 m erhält und durchschnittlich 0,5 m hoch mit Steinen oder Eisen bedeckt werden wird. Die zu verwendenden Steine dürfen nicht unter 50 kg das Stück wiegen, und das spezifische Gewicht des Belastungsmaterials soll mindestens 2,25 betragen.

Hinsichtlich der Zeit, in welcher der Bau ausgeführt werden soll, ist festgesetzt:

1. dass am 1. April 1883 der Caisson zur Ausfahrt bereitliegen muss; (die Ausfahrt und Versenkung ist in diesen Tagen glücklich vonstattengegangen und die Betonierungsarbeit sofort in Angriff genommen.)
2. dass im Sommer 1883 die Absenkung vollendet wird und das ganze Fundament mit Beton und Mauerwerk gefüllt ist, so dass die Maschinen entfernt werden können und das Bauwerk vor einer Zerstörung durch Eisgang gesichert ist;
3. dass im Laufe des Jahres 1884 der eigentliche Turmbau so gefördert wird, dass am 1. Oktober 1884 der Leuchtapparat aufgestellt werden kann;
4. dass am 15. Oktober 1884 das fertige Bauwerk abgeliefert wird.

Wünschen wir, dass die Witterungsverhältnisse für diesen zweiten Versuch sich günstiger als beim ersten gestalten, und dass das Vertrauen, welches die zuständige Behörde sowohl wie die Unternehmer dem vortrefflichen Plan entgegenbringen, glänzend gerechtfertigt werde. Möge der Leuchtturm zur festgesetzten Zeit sein Licht spenden – der Schifffahrt zum Nutzen, dem Erbauer zur Ehre! ❐

Walter Körte

Der Leuchtturm Roter Sand in der Wesermündung

ZENTRALBLATT DER BAUVERWALTUNG • 2.1.1886

Der Bau des in der Zeichnung *(Abb. 8)* dargestellten Leuchtturms Roter Sand ist am 23. Oktober 1885 beendet worden.

Der ›Roter Sand‹, hart an der offenen Nordsee gelegen, bildet eine bis auf etwa 5 m Tiefe abnehmende Verflachung der Wesermündung, welche das betonnte und von Schiffen von mehr als etwa 3–4 m Tiefgang innezuhaltende Fahrwasser derselben in zwei Arme, die alte und die neue Weser spaltet. Es handelte sich bei dem Bau bekanntlich in erster Linie um die Gründung des Turms in etwa 8 m Niedrigwassertiefe, und zwar an einer Stelle, welche wegen der ungeminderten, durch den Widerstreit der Strömungen eher noch gehobenen Kraft des bei südwestlichen bis nordöstlichen Winden hereinlaufenden Seeganges sehr übel berüchtigt ist. Wie verheerend die Gewalt eines schweren Sturms hier wirkt, dafür bietet das Scheitern des ersten im Jahr 1881 unternommenen Gründungsversuches am 13. Oktober desselben Jahres einen bedauernswerten Beleg. Die dort ausgesprochene Ansicht, dass der Grund des Misserfolgs lediglich in einer Verkettung widriger Umstände zu suchen, der dem Entwurfe zugrundeliegende Gedanke indessen ein durchaus gesunder sei, hat sich vollkommen bewahrheitet, wie denn ein Zweifel daran bei den Trägern des Gedankens nicht obgewaltet hat. Davon zeugt die

Tatkraft, mit welcher das zweite Unternehmen auf Veranlassung des Tonnen- und Bakenamts in Bremen ins Werk gesetzt wurde.[1] Die sich im wesentlichen nur auf die Einrichtung des Oberbaues erstreckenden Änderungen, welche während der Bauausführung an diesem Entwurfe beliebt worden sind, werden später erläutert werden.

Am 26. Mai 1883 wurde die Ausfahrt des in *Abb. 9–12* dargestellten Senkkastens unternommen. Fast 45 Stunden musste das von dem Barsenmeister Sellmann geführte Geschwader, bestehend aus dem Senkkasten, vier Schleppdampfern (welche vereint denselben zeitweilig trotz Anker gegen den Ebbestrom kaum zu halten vermochten) und einigen anderen Fahrzeugen, auf halbem Weg bei schlanker nördlicher Brise und Gewitterböen abwettern. Erst am 28. Mai früh wurde die Fahrt fortgesetzt. Der schwimmende Senkkörper, gestützt von den beiden Schwimmblasen, bewährte sich in dem verhältnismäßig bewegten Wasser vortrefflich und arbeitete nur wenig. Auch die Absenkung erfolgte durch sorgfältig geregeltes Öffnen der (bei q angedeuteten) Einlassventile so glücklich, dass auf dem Senkkasten selbst nur schwache Stöße zu merken waren, als derselbe Grund fasste.

Nachdem zunächst die Schwimm-

---

1) Der demselben zu Grunde gelegte zweite Entwurf des Baurat Hanckes wird auf Seite 22 geschildert.

Nebenfeuer + 26,0
Hauptfeuer + 26,9
Warnungsfeuer + 21,94
Sturmfluth
+ 5,50
Hochwasser
+ 3,00
Niedrigwass.
gleich Null Linie
0
5
10 m

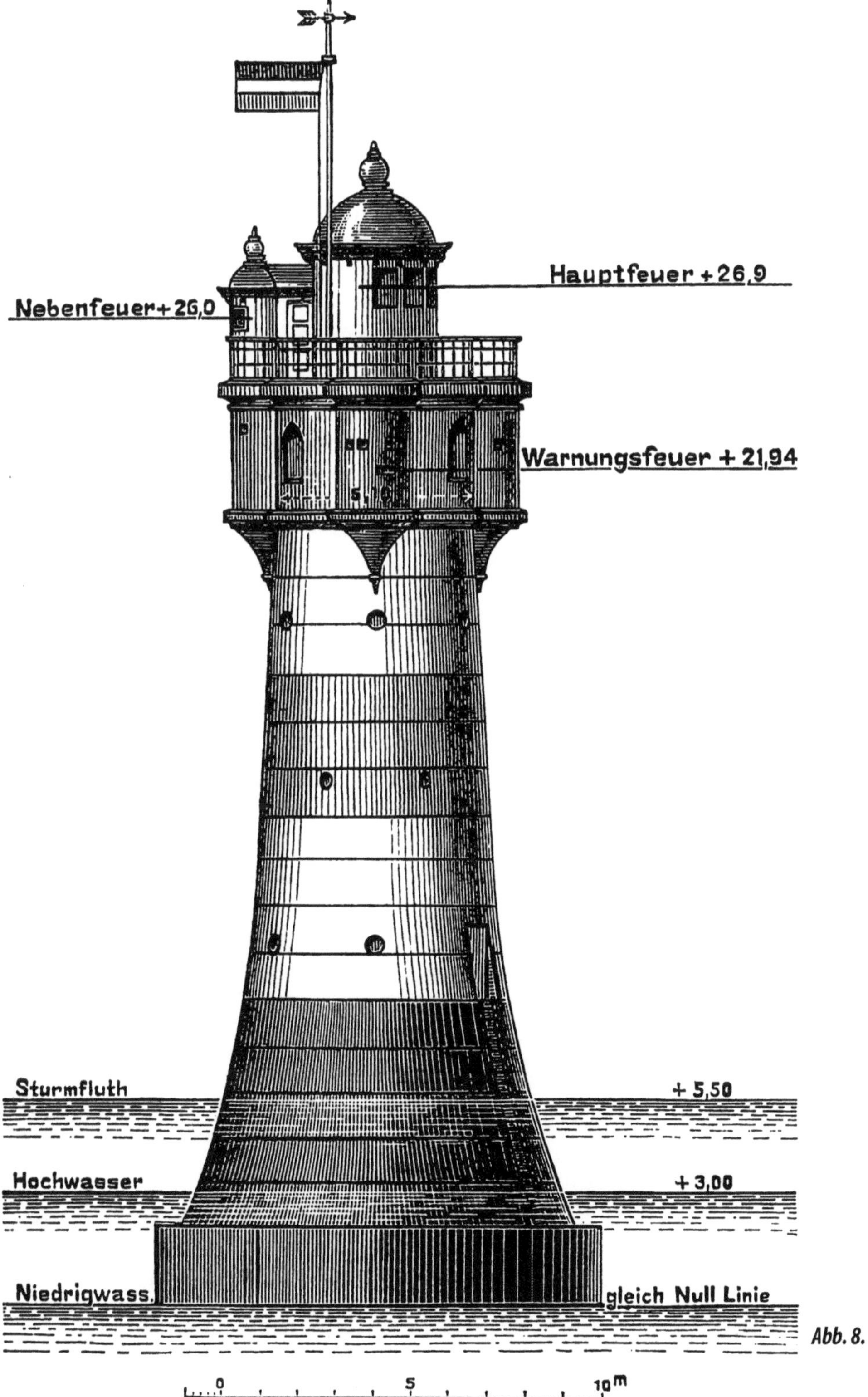

Abb. 8.

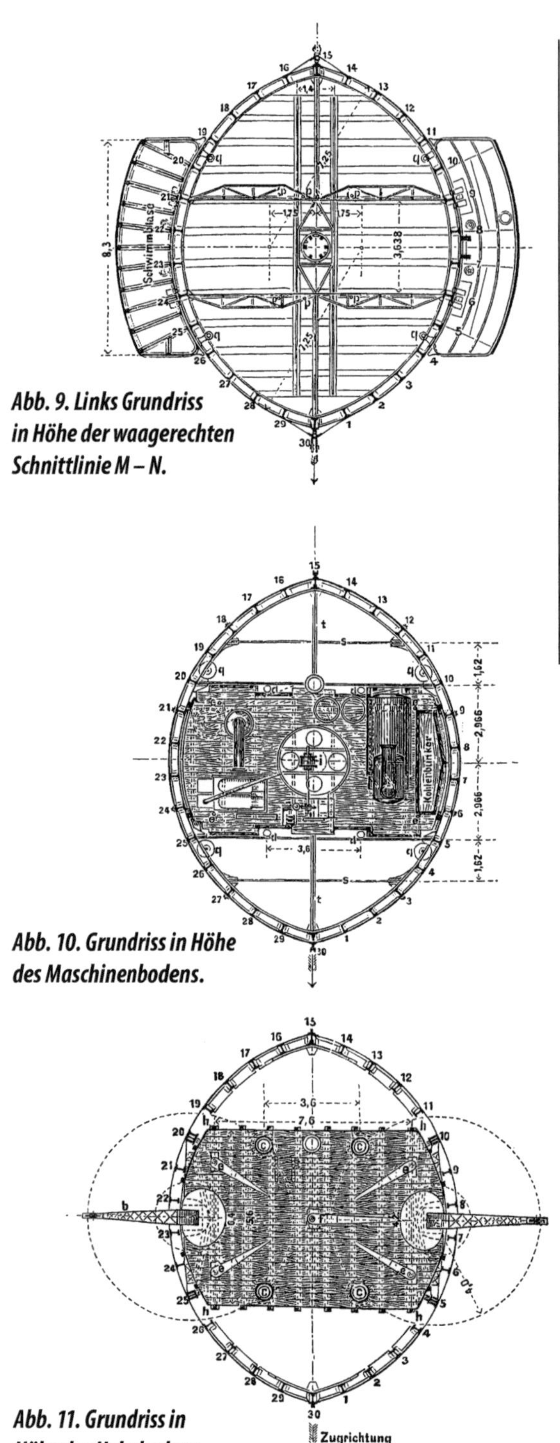

Abb. 9. Links Grundriss in Höhe der waagerechten Schnittlinie M – N.

Abb. 10. Grundriss in Höhe des Maschinenbodens.

Abb. 11. Grundriss in Höhe des Hebebodens.

blasen, durch eingelassenes Wasser beschwert, vom Senkkasten getrennt und beseitigt waren, wurde der Baubetrieb sofort in Angriff genommen. Es liegt auf der Hand, dass das Gelingen des Unternehmens vor allem von der Möglichkeit abhing, erstens die Auskolkungen des Meeresbodens, welche sich um die Schneide des Senkkastens herum sofort bemerkbar machten, unschädlich zu machen, zweitens den Mantel desselben, entsprechend diesen Kolkungen, so zu erhöhen, dass das Innere vor dem Wellenschlag geschützt blieb, drittens durch Einbringen von Füllmaterial die Standfestigkeit zu sichern. Die erstere Aufgabe, so bedenklich dieselbe auch nach den Erfahrungen des ersten Unternehmens erschien, machte anfangs weniger Schwierigkeiten. Flut und Ebbe

Abb. 12. Querschnitt durch den schwimmenden Senkkasten mit voller Ausrüstung.

a. Hebeboden.
b. Dampf-Kräne.
c. Schütt-Trichter für Beton.
d. Schütt-Rohre für Beton.
e. Spindeln zum Heben des Maschinenbodens.
f. Spindeln zum Heben der Luftschleuse.
g. Räume für Wächter usw., Vorrat, Lagerplätze.
h. Führungsspanten für den Hebeboden, daran die Spindeln zum Heben des Hebebodens.
i. Luftschleuse.
k. Maschinenboden.
l. Luftpresse.
m. Kaltwasserpumpe.
n. Kondensator.
o. Warmwasser.
p. Sandgebläse.
q. Einlass- bzw. Verbindungs-Ventile
r. Querschotte
s. Querverankerungen, zugleich Stützen für den Maschinenboden.
t. Längsverankerungen.

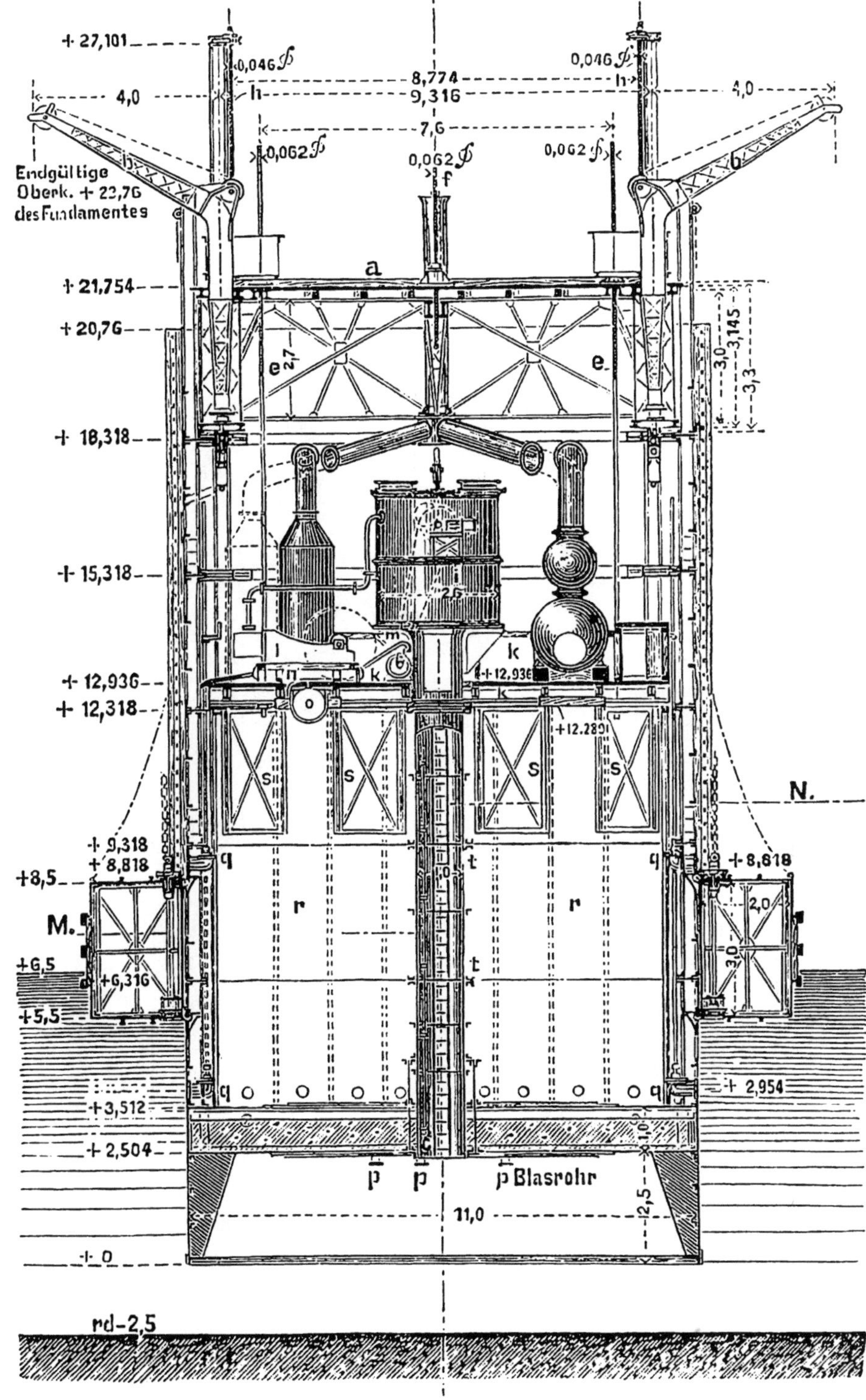

+ 27,101
0,046
8,774
9,316
0,046
4,0
h
h
4,0
Endgültige
Oberk. + 22,76
des Fundamentes
0,062
7,6
0,062
0,062
b
a
+ 21,754
+ 20,76
3,0
3,145
3,3
e 2,7
e
+ 18,318
+ 15,318
l
m
k
k
+ 12,936
+ 12,936
+ 12,936
+ 12,318
+12,289
N.
S
S
S
S
+ 9,318
+ 8,818
q
q
+ 8,818
+8,5
t
2,0
M.
r
r
+6,5
3,0
+6,316
t
+5,5
q
q
+ 2,954
+ 3,512
+ 2,504
1,0
11,0
p
p
p Blasrohr
2,5
± 0
rd-2,5
0
5
10
20 m.

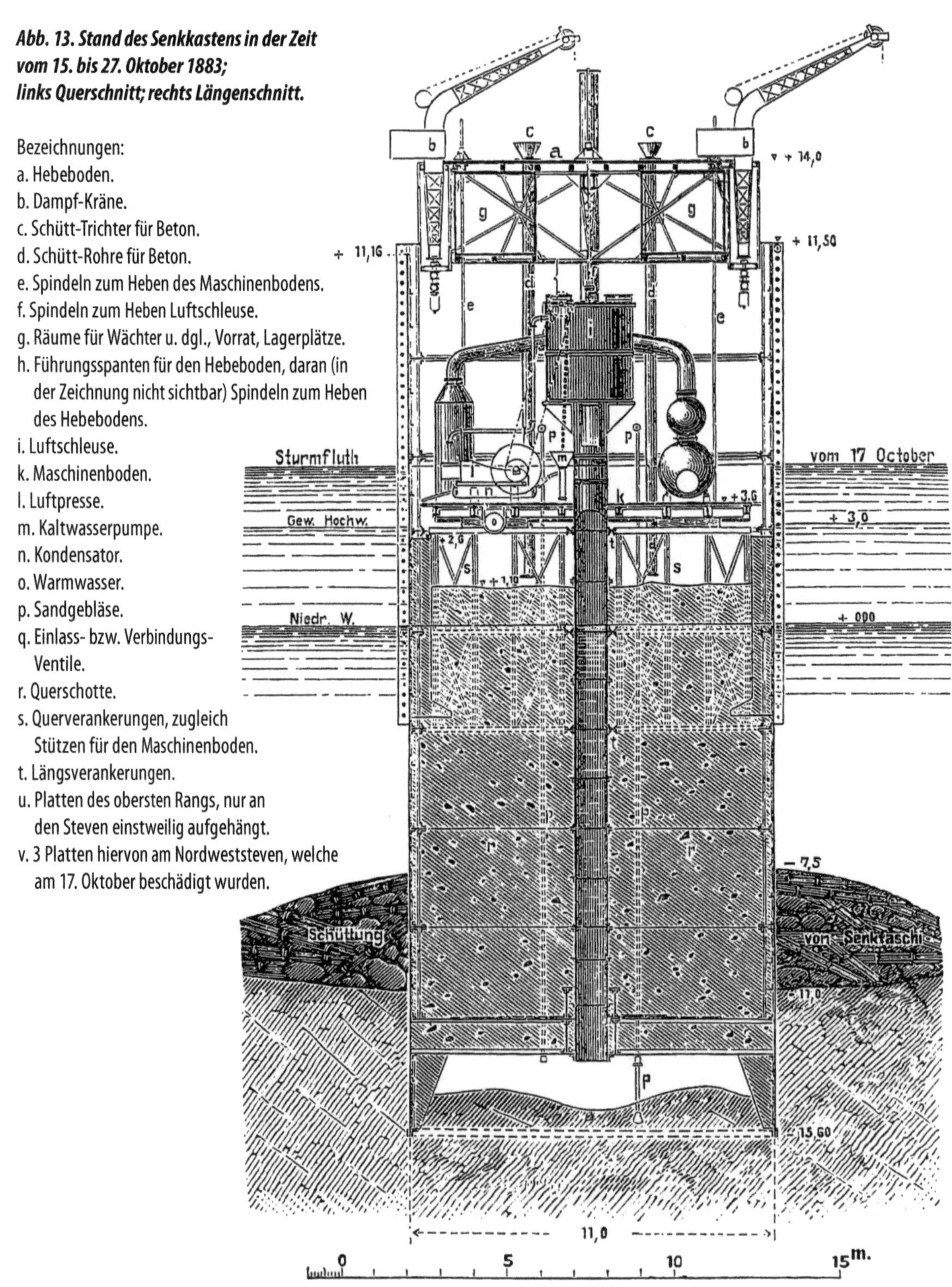

Abb. 13. Stand des Senkkastens in der Zeit vom 15. bis 27. Oktober 1883; links Querschnitt; rechts Längenschnitt.

Bezeichnungen:

a. Hebeboden.

b. Dampf-Kräne.

c. Schütt-Trichter für Beton.

d. Schütt-Rohre für Beton.

e. Spindeln zum Heben des Maschinenbodens.

f. Spindeln zum Heben Luftschleuse.

g. Räume für Wächter u. dgl., Vorrat, Lagerplätze.

h. Führungsspanten für den Hebeboden, daran (in der Zeichnung nicht sichtbar) Spindeln zum Heben des Hebebodens.

i. Luftschleuse.

k. Maschinenboden.

l. Luftpresse.

m. Kaltwasserpumpe.

n. Kondensator.

o. Warmwasser.

p. Sandgebläse.

q. Einlass- bzw. Verbindungs-Ventile.

r. Querschotte.

s. Querverankerungen, zugleich Stützen für den Maschinenboden.

t. Längsverankerungen.

u. Platten des obersten Rangs, nur an den Steven einstweilig aufgehängt.

v. 3 Platten hiervon am Nordweststeven, welche am 17. Oktober beschädigt wurden.

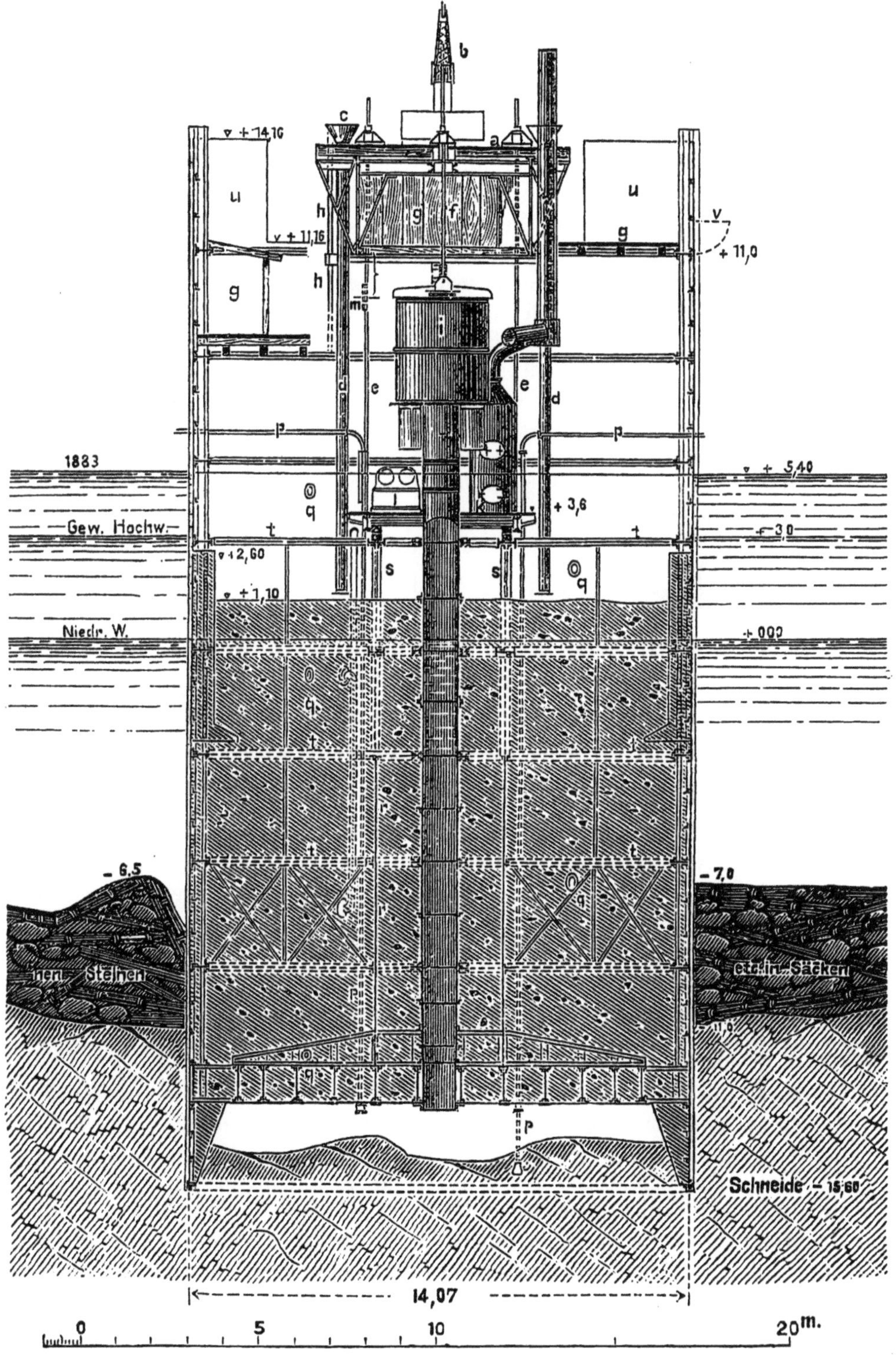

b
c
a
u
u
h
g
f
g
v
+ 11,0
v + 14,16
v + 11,16
h
g
h
m
i
e
e
d
d
p
p
1883
▽ + 5,40
q
+ 3,6
Gew. Hochw.
t
t
+ 3,0
▽ + 2,60
s
s
q
▽ + 1,10
Niedr. W.
+ 0,00
q
t
q
t
t
− 6,5
− 7,0
q
hen Steinen
etwin Säcken
p
p
P
Schneide − 15,60
14,07
0
5
10
20 m.

arbeiteten allerdings trotz sofort dicht an der Schneide in großen Massen ausgeworfener Senkfaschinen u. dgl. kolkend an dem Untergrund, aber ihre Wirkungen hoben sich hinsichtlich der Neigung, welche der Senkkörper mit jedem Ebbe- und Flutwechsel infolgedessen annahm, annähernd auf. Die größte Neigung betrug am ersten Tag in der Stevenachse, welche mit der Stromrichtung parallel ist, 1 : 14,5. Die letztere ist übrigens bei voller Flut und Ebbe fast genau die nämliche. In der Richtung quer zum Strom stellte sich eine erheblich geringere Neigung ein, welche sich erst durch die künstliche Absenkung beseitigen ließ. Das wechselseitige Kolken leistete übrigens den Dienst, den Senk-

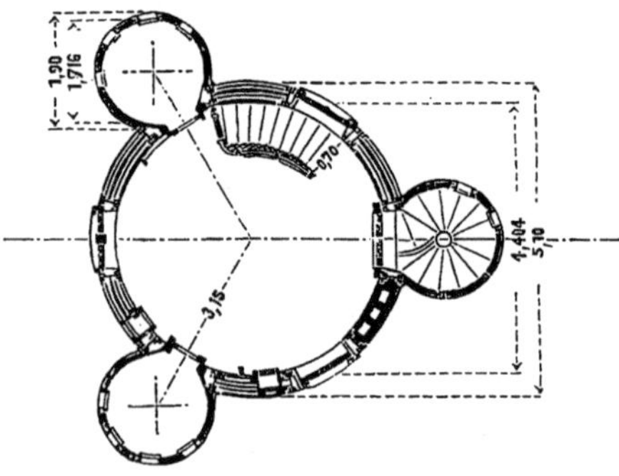

Abb. 14. Grundriss vom Wohnraum.

kasten ohne künstliches Zutun um fast 3 m zu versenken. Wie zweifelhaft aber der Wert dieses Dienstes ist, wird man daran ermessen, dass es im Entwurf lag, die (um dasselbe Maß ausgewaschene) Meeressohle auf die ursprüngliche Wassertiefe künstlich wieder aufzuhöhen.

Die zweite Arbeit, die Erhöhung des Mantels, gelang, als die leichteste, ohne besondere Umstände. Die dritte aber, die der Beballastung des Senkkörpers, erforderte in der ersten Zeit ungleich größere Opfer. Zum Verständnis dieser Arbeit dürfte eine nähere Beschrei-

bung des Baubetriebs erforderlich sein. Durch die Örtlichkeit der von Bremerhaven 50 km entfernten Baustelle war es geboten, dass die Baumannschaften, ebenso wie die leitenden Beamten ihr Unterkommen auf Fahrzeugen, einem Segelschiff und einem Schleppdampfer, erhielten, welche in unmittelbarer Nachbarschaft des Bauwerks ihren ständigen Ankerplatz hatten, und dass der Verkehr zwischen diesen und dem Bauwerk durch Bote unterhalten wurde. Dass die Witterung dem Verbleiben der Stationsschiffe sowohl, wie dem Bootsverkehr selbst dann noch häufig ein Ende machte, als nach kurzer Zeit an die Leistungsfähigkeit aller Beteiligten die äußersten Zumutungen gestellt werden konnten, ist erklärlich. War man doch oft gezwungen, in Sturm und Finsternis die Flucht weseraufwärts anzutreten. Andererseits musste das gesamte Material auf den zum Anlegen an den Turm geeigneten Segelfahrzeugen von 80 – 180 m³ Rauminhalt (30 bis 60 Reg.-Tons) herangeschafft werden. Die Segler aber wagten es namentlich anfangs bei einigem Seegang nur ungern, hart am Turm zu ankern; ebenso schwer waren sie bei ungünstigen Witterungsaussichten zum nächtlichen Verbleiben auf der berüchtigten Baustelle zu bewegen. Hierzu kommt, dass, da das Anlegen der Fahrzeuge fast nur ›mit dem Kopf im Strom‹ geschehen kann, mit jeder Stromkenterung ein Umlegen derselben erforderlich ward, ein Manöver, welches im besten Fall eine Stunde dauerte, auch wohl den doppelten Zeitaufenthalt verursachte. Bedenkt man nun noch, dass die Benutzung der auf dem Maschinenboden *k* aufgestellten Kessel und des Kondensators, *n* zum Betrieb der Dampfkräne bei der tiefen Lage dieses Bodens (etwa 2 m über Niedrigwasser) nicht tunlich war, ein Heben des Maschinenbodens aber mit Rücksicht auf die Standfestigkeit des Kastens nicht möglich erschien, dass man deshalb anfangs Handbetrieb anwandte, so wird es begreiflich sein, dass Ende Juni die Ausfüllung erst bis 5,90 m über Schneide, also um etwa 2,65 m vorgeschritten war.

Der geplante regelmäßige Baubetrieb konnte erst jetzt – Ende Juni 1883 – beginnen. Die Arbeits- und Maschinenböden wurden gehoben, die Dampfkräne in Betrieb gesetzt. Leider war die Witterung des Monats Juli so ungünstig, dass erst Mitte August der Beton auf die Höhe von 12,50 m über Schneide, d. i. 1,70 m über Niedrigwasser gebracht werden konnte. Man hatte damit die Möglichkeit gewonnen, die Senkkastenwand vor Einbringung des Betons, wie aus *Abb. 13* ersichtlich, ringförmig in Ziegeln und Zementmörtel zu hintermauern. Da in der Zwischenzeit noch ein zweiter Blechrand auf den Schutzmantel aufgesetzt, auch die Auskolkungen unschädlich gemacht waren, so war die, erste Gefahr glücklich überwunden.

Man ging nun mit der Absenkung, Mauerung und Betonierung wechselweise, wenn auch mit häufigen Unterbrechungen durch stürmische Witterung, voran. Der erzielten Absenkung entsprechend wurden auch die beweglichen Betriebseinrichtungen, der Maschinenboden, die Luftschleuse, der Hebeboden mit den Kränen in Absätzen gehoben. Beiläufig erforderte das Emporschrauben dieser Einrichtungen bei einem Hub von etwa 3 m eine Betriebsunterbrechung von etwa 4 Tagen. Aus *Abb. 13* wird man ersehen, wie weit die Arbeiten bis Mitte Oktober 1883

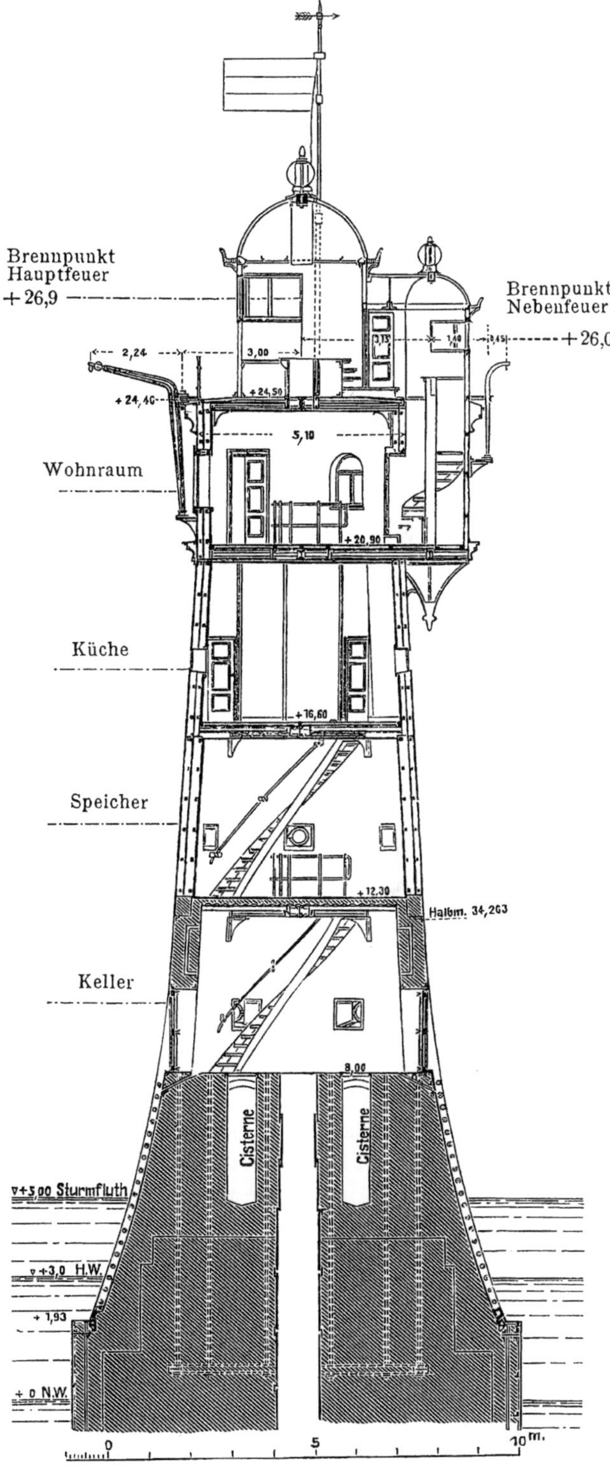

Abb. 15. Querschnitt.

gebracht waren. Der dort dargestellte Stand ist insofern bemerkenswert, als gerade in ihm das Werk von einem der schwersten Stürme am 17. und 18. Oktober heimgesucht wurde.

Am 11. Oktober war ein Absenkungsabschnitt beendet, die Schneide auf 15,60 m unter Niedrigwasser gebracht. Luftschleuse und Maschinenboden standen dabei so, wie in der Zeichnung angegeben, dagegen der Hebeboden etwa 3 m tiefer. Der letztere wurde, um den bei einigermaßen hohen Fluten bereits unter Wasser tretenden Maschinenboden nachheben zu können, am 14. und 15. Oktober um jenes Maß gehoben und festgestellt. Hier musste bei nahendem Sturm die Baustelle verlassen werden. In den Zeichnungen sind einige Andeutungen über die Wirkung des gewaltigen Seeganges in den kurz darauf folgenden Tagen angedeutet. Am nordwestlichen Steven wurden in Höhe von etwa 6 m über dem Sturmflutspiegel zwei Platten verbogen bzw. abgebrochen, der Maschinenführerstand des eingeschwenkten westlichen Krans, etwa 9,5 m über demselben Spiegel gelegen, wurde durch das aufsteigende Brandungswasser nicht unerheblich verbogen. Zum Glück aber richtete das tobende Element an dem Bauwerk keinen erheblicheren Schaden an. Die beiden unerschrockenen Männer, welche als Wache darauf belassen waren, blieben unversehrt, wenngleich sie manche bange Stunde und manches unfreiwillige Sturzbad in den Kauf nehmen mussten. Die Absenkung war für dieses Jahr abgeschlossen. Dagegen wurde mit der Ausmauerung und Auffüllung des Senkkastens, ebenso wie mit der Aufrüstung des Schutzmantels bis zum 1. Dezember im ständigem Betrieb fortgefahren. Bis dahin war die Mauerung auf +3,1 m, die Auffüllung auf +2,4 m gediehen. Den nun hereinbrechenden außergewöhnlich stürmischen Winter über wurde die Arbeit nicht gänzlich eingestellt, vielmehr lag man stets schlagfertig, um jeden halbwegs günstigen Augenblick auszunutzen. Fortschritte wurden jedoch erst vom Monat Februar 1884 ab erzielt. In drei Absätzen wurde die Gründung auf die planmäßige Tiefe von 22 m unter Null heruntergetrieben, Maschinen, Kräne usw. dementsprechend gehoben. Am 1. Juni 1885, nach einjähriger Bauzeit, war die Gründung vollendet. Mauerwerk und Beton standen zur selben Zeit 1 m über Null.

Es dürfte hier am Platze sein, den Betrieb der Gründung und der Betonierung etwas eingehender zu beschreiben. Der Grund bestand aus hartem, feinem Seesand, immer mit winzigen Muschelresten, ab und zu auch mit gröberen Muscheln, auch dünnen Schichten einer lette- oder schlickartigen Masse durchsetzt. Erst am Schluss der Gründung stieß man auf grobes Geröll, welches aber so mit Sand durchsetzt war, dass es nicht gefördert zu werden brauchte. So konnte die Förderung ausschließlich durch die Sandgebläse erfolgen, von denen in der Regel eines im Betrieb war. Diese Gebläse, sechs an der Zahl, bei *p* in den Zeichnungen angedeutet, bestehen in 39 mm lichtweiten (Gas-)Rohren, welche, durch die Kammerdecke und die Füllmasse hindurchgeleitet, nach Bedürfnis verlängert und mittels Krümmer ins Freie geleitet wurden. In der Arbeitskammer enden dieselben in metallenen Mundstücken. Schaufelt man den gelösten Sand um diese herum, so wird er, wenn das Rohr geöffnet ist, durch die entweichende Luft mit hinausbefördert. Selbst kleinere Muscheln und Kiesel gehen anstandslos durch die Gebläse.

Zuverlässige Ermittlungen über die Leistung derselben machte die Eigentümlichkeit der Baustelle unmöglich. Die gesamte Gründungsarbeit erheischte etwa 650 Arbeitsstunden, in welchen 1300 m³ Sand (berechnet nach dem Inhalt des eingesenkten Senkkastenteils mit Ausschluss des nicht zu ermittelnden Nachsturzes von außen) gelöst, geworfen und geblasen wurden.

Die Betonierung geschah bis kurz vor dem Zeitpunkt, wo der Niedrigwasserspiegel erreicht war, mittels der in den Zeichnungen bei *e* und *d* angedeuteten Schüttvorrichtungen in der bekannten Weise durch Rohre, später indessen so, dass man je nach dem Wasserstande Trockenmischung, entweder haufenweise eingeschüttet, vorsichtig mit entsprechender Böschung in das Wasser drängte, oder ganz trocken in dünnen Lagen ausbreitete und alsdann das Seewasser allmählich darüber treten ließ. Diese Ausführung, welche nur durch das Flutintervall und die Verbindungsventile *q* bequem wurde, lieferte einen ausgezeichneten Beton, dessen Zugfestigkeit an entnommenen Proben zu $8{,}8 - 20\,\mathrm{kg/cm^2}$ ermittelt wurde. Sämtlicher Grob- und Mauermörtel wurde am Land in Bremerhaven, und zwar durch Mischung von künstlich getrocknetem Sand und Zement zu gleichen Teilen bzw. einem Zusatz von Ziegelbrocken (3:3:2) zubereitet und mittels der Dampfkräne gelöscht, welche unter durchschnittlichen Verhältnissen etwa 200 Sack, gleich 12 m³ in der Stunde, von Bord schafften. Am Schluss des ersten Baujahres, 1. Juni 1884, waren zu verzeichnen: 187 Tage, an denen Arbeit möglich, gleich 50,68 %; 2228 Arbeitsstunden einschließlich Mittags- u. dgl. Pausen, gleich 25,15 % der verflossenen Zeit. Der günstigste Monat, April 1884, lieferte 23 Arbeitstage.

Den Beginn des zweiten Baujahres bildete die Abrüstung der zur Gründung erforderlichen Vorrichtungen. Bald fing man auch mit der planmäßigen Herstellung des Packwerks an, welche bisher wegen der bei der Absenkung zu befürchtenden Sackungen nur so weit betrieben war, als es die augenblickliche Sicherheit des Bauwerks erheischte. Durch richtiges Vorgehen gelang es, fast allseitig eine größte Wassertiefe von etwa 8 m bis auf eine Entfernung von 12 m ab Turmwand herzustellen und zu sichern. Die völlige Fertigstellung dieser Arbeit machte aber noch im Frühjahr und Sommer die äußersten Anstrengungen notwendig. Anfang Juli 1884 konnte der Unterbau des Turms angesetzt werden. Die ausgezeichnete Witterung förderte die rastlose Bautätigkeit so, dass schon Anfang November das Eisenwerk des Oberbaus auf 20 m über Null fertiggestellt war, während vor dem obersten Stockwerk nur der ungeschlossene Rumpf stand. Der ständige Baubetrieb erreichte am 3. November 1884 sein Ende, die Stationsschiffe wurden außer Dienst gestellt. Eine etwa 12 Köpfe starke Besatzung blieb auf dem Turm, um den Bau nach Möglichkeit fortzusetzen. Doch konnte derselbe bei der Abgeschnittenheit der Baustelle und bei so beschränktem Betrieb, welcher zum Schluss auch dem Berichterstatter in Gemeinschaft mit dem Ingenieur Thode eine dreiwöchentliche karge Gefangenschaft hinter der nackten Eisenwand des Turmes eintrug, nur geringfügige Fortschritte machen und er wurde deshalb am 20. Dezember 1884 eingestellt.

Der gesamte ständige Baubetrieb vom 29. Mai 1883 bis 3. November 1884 ergab 285 Tage, an denen Arbeit möglich, gleich 54,29 %; 3450 Arbeitsstunden, gleich 27,38 %.

Die Wiederaufnahme der Arbeit erfolgte im April 1885. Es blieb nunmehr eine ständige Besatzung von etwa 15 Mann am Turm, welche bei günstiger Witterung an der Fertigstellung des Eisenwerks, bei ungünstiger Witterung an der inneren Einrichtung arbeiteten. Gleichzeitig wurde die Vollendung des Packwerks betrieben. Dasselbe sollte dem Entwurf zufolge an der Turmwand eine Tiefe von 6,8 m, in einem Abstand von 15 m dagegen von derselben eine Tiefe von 8,20 m unter Null erhalten. Es ist augenscheinlich, dass das Einbringen des Packwerks in größeren Massen eine Vermehrung des Staus, und somit der Stromgeschwindigkeit seitlich des Senkkastens und in der Nehrung sowohl bei Flut, wie besonders bei Ebbe im Gefolge hatte, dass man also dadurch die Kolkung selbst gewissermaßen beförderte. Demnach musste, namentlich in der Richtung nach Süd über West bis Nord, über den Abstand von 15 m hinaus eine Böschung geschüttet werden, durch welche die innerhalb jenes Abstandes einzubringenden Massen gehalten wurden.

Diese Arbeit erforderte große Opfer und außergewöhnliche technische Anstrengungen. Die Hauptschwierigkeit lag in der Aufgabe, die Transportfahrzeuge an der richtigen Stelle zu verankern und in Strömung und Seegang stetig zu halten bzw. zu bewegen, auch in der schwankenden Bewegung, welche oft das Überbordlassen der Faschinen zu einer gefährlichen Arbeit machte. Kostspielig wurde die Ausführung besonders durch die äußerst ungünstige Witterung dieses Frühjahrs und Sommers. Erst Ende August hatte das Packwerk die planmäßige Ausdehnung erreicht. Etwa 5000 m³ Senkfaschinen hatte dasselbe erfordert, außerdem

waren noch 600 m³ Felsblöcke darüber ausgestreut worden.

Dass das so hergestellte Schutzwerk allen Anforderungen entspricht, unterliegt nach den in zwei Wintern gemachten Erfahrungen und den neuesten Auspeilungen keinem Zweifel.

Ende August 1885 folgte zunächst die Abrüstung des 9 m hohen überschüssigen Schutzmantels, gleichzeitig die Vollendung der inneren Einrichtung, später die Vollendung der gusseisernen Fundamentabdeckung. Auch wurden alsbald die von Zivilingenieur Veitmeyer (Berlin) gelieferten Leuchtapparate durch diesen persönlich aufgestellt. Ende September konnte ferner die erste Kabelnachricht vom Leuchtturm Roter Sand auf dem schon früher vom Leuchtturm Hohe Weg aus verlegten, jetzt eingezogenen Kabel befördert werden. Bald fand auch der selbstzeichnende Fluthesser Aufstellung. Im Laufe des Sommers erhielt der Turm den in *Abb. 8* angedeuteten Anstrich. Es wechseln darin die Farben schwarz, weiß und rot, letztere in Gürteln von etwa 4 m Breite. Dieser Anstrich auf verschiedene Stellung der Lichtquelle zum Beschauer und dem Turm, sowie auf die Einwirkung des Nebels berechnet, bewährt sich sehr gut. Der Turm ist infolge dieses Anstrichs wie der massigen Erscheinung des Kopfteiles bei Tage auf 10 bis 12 Seemeilen erkennbar.

Die *Abb. 8, 14 u. 15* zeigen die wesentlichsten an dem ursprünglichen Entwurf gemachten Änderungen. Der Oberbau hat etwas größere Abmessungen, das oberste Geschoss drei erkerartige Ausbauten erhalten. Durch zwei der letzteren wurden geschützte Ausluge für die Wärter geschaffen, deren Tagesdienst zu einem großen Teil in der Beobachtung und Meldung der in Sicht kommenden

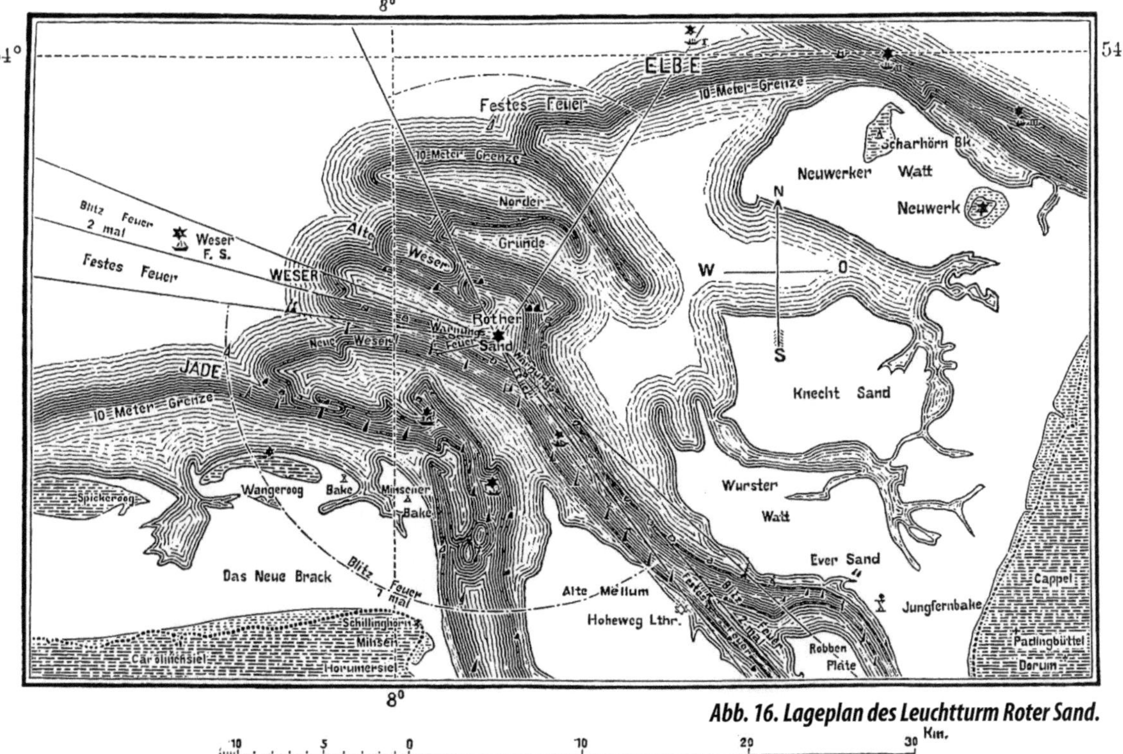

Abb. 16. Lageplan des Leuchtturm Roter Sand.

Schiffe besteht; auch dienen dieselben zur Aufstellung zweier Warnungsfeuer, deren Zweck unten erläutert werden soll. Der dritte Erker nimmt die Treppe vom Wohnraum zur Laterne auf; ein laternenartiger Aufbau auf demselben ist durch einen bedeckten Gang mit der Hauptlaterne verbunden und dient zur Aufstellung eines Nebenfeuers. Diese eigenartige Anordnung des Zuganges zur Hauptlaterne bewährt sich im Dienstbetrieb als besonders zweckmäßig und bequem. Das unterste Geschoss ferner ist, wie aus *Abb. 15* hervorgeht, als feuersicherer Raum mit massiver Wand und Decke ausgebildet. Der Unterbau des Turms von etwa + 2,0 – 8,0 m ist anstatt mit 20 mm starken gusseisernen, mit 10 mm starken schmiedeeisernen Platten umhüllt.

Was nun den Zweck des Baus, nämlich die Dienste anlangt, welche der Turm der Schifffahrt zu leisten hat, so ist zu bemerken, dass derselbe in erster Linie Anweisung geben soll für die Einseglung der neuen Weser *(vgl. den Lageplan Abb. 16)* bis zu dem auf der Höhe des ›Roter Sand‹ vorzunehmenden Kurswechsel, dann für diesen Kurswechsel selbst, und endlich für die weitere Einseglung bis zum Leuchtturm Hohe Weg (und umgekehrt). Diesem Zweck entsprechen drei Feuer: das Hauptfeuer IV. Ordnung (+ 26,9) ist mit Otterschen Blendenschirmen versehen und bildet zwei Leitfeuer, eines nach See, das andere nach dem Leuchtturm Hohe Weg zu. Zwei Warnungsfeuer VI. Ordnung (+ 21,9), in den Erkern aufgestellt, dienen, da sie nur auf etwa 2,5 Seemeilen

Annäherung vom Hauptfeuer mit bloßem Auge deutlich zu unterscheiden sind, zum Anhalt bei dem Übergang von einem Otterschen Leitfeuer in das andere. Da in zweiter Linie auch eine Beleuchtung der Nordergründe und der Einfahrt in die alte Weser gefordert ward, so wurde das Nebenfeuer V. Ordnung (+ 26,0) eingerichtet, welches den Winkel zwischen Helgoland und der Elbe-Mündung bestreicht.

Die Feuer sind seit dem 1. November 1885 im Betrieb. Der Bau selbst war schon vorher beendet. Die eingehende Bearbeitung des Entwurfs, sowie die Herstellung des Turmes bis auf die Beleuchtungsanlagen, hatte für die Pauschsumme von 853 000 Mark, welche später infolge der Entwurfsänderungen um 15 000 Mark erhöht wurde, die Gesellschaft Harkort in Duisburg übernommen, deren technischer Direktor Offergeld und Oberingenieur Seifert der Sache unausgesetzt ihre persönliche Fürsorge widmeten. Die Bauausführung lag zuerst dem Ingenieur Kunz, alsdann dem Ingenieur Bremke ob.

Am 23. Oktober 1885 fand durch den Oberleiter des Baues, Baurat Hanckes, die amtliche Abnahme des Bauwerks statt, welche zur vollsten Zufriedenheit ausfiel.

Die Firma Harkort hat ihre Aufgabe, welcher sich in Wind, Wetter und Wellen die schwierigsten Hindernisse entgegenstellten, mit besonnenster Umsicht und schneidigster Tatkraft gelöst. Sie hat kein Opfer bei der Errichtung und Festigung des stolzen Bauwerks gescheut, an welches der ununterbrochene Kampf mit den Elementen die höchsten Anforderungen stellt. Dass letztere ganz außergewöhnliche sind, davon hat der Berichterstatter, welchem die Aufsicht an der Baustelle während des ganzen Baus übertragen war, insbesondere durch mehrfach wiederholten, längeren Aufenthalt auf dem Turm zur Winter-, Sommer- und Herbst-Zeit sich vollauf unterrichten können.

Vom Bau des Leuchtturms
Hohe Weg

Der Leuchtturm Hohe Weg mit dem 1893 errichteten Semaphor.

Die 1783 errichtete ›Bremer Bake‹.

Jacobus van Ronzelen

Beschreibung des Baus des Bremer Leuchtturms

an der Stelle der Bremer Bake in der Wesermündung

MONOGRAFIE • 1857

Vorwort

An die Art der Erbauung dieses Leuchtturmes und namentlich die Konstruktion seines Fundaments von der gewöhnlichen Behandlung der Grundbauten gänzlich abweicht und also für sich isoliert dasteht, so habe ich außer äußeren Anregungen geglaubt, es ins Besondere der praktisch-technischen Welt schuldig zu sein oder derselben einen Dienst damit zu erweisen, dieses Bauwerk sowohl in seinem Ganzen als in seinen einzelnen Teilen zu beschreiben.

Es kommt nämlich wohl nicht oft vor, dass dem Ingenieur ein, fast in See, wenigstens von der nächsten Küste noch zwei deutsche Meilen entfernt liegender Punkt als Bauplatz angewiesen wird, welcher aus einem reinen Treibsandlager besteht und sich nicht weniger als sechs Fuß unter der täglichen Fluthöhe befindet. Ferner hoffe ich, wird diese Beschreibung nicht allein meine vorgesetzte Behörde, sondern auch das handeltreibende Publikum wie alle Bürger, welchen das Wohl des Bremer Staats in seiner so raschen Entwickelung am Herzen liegt, interessieren. Namentlich wird die Kaufmannschaft es gewiss dankend anerkennen, dass Senat und Bürgerschaft im Vertrauen auf den guten Erfolg des Werks, durch Erbauung dieses Leuchtturmes wesentlich zur Sicherheit und zum Aufblühen der Schifffahrt beigetragen haben.

Gerne unterwerfe ich dieses Werk, zu meiner eigenen Belehrung, der technischen Kritik von Männern, die in der Wasserbaukunst durch selbstständige eigene Praxis Erfahrungen erlangt haben.

I. Abteilung

Die Gründe, welche Senat und Bürgerschaft bewogen haben, an der Stelle der Bremer Bake in der Wesermündung einen Leuchtturm zu erbauen

Es war ein schon längst gefühltes Bedürfnis, an der Stelle der jetzigen Bremer Bake einen Leuchtturm zu erbauen, und zwar aus folgenden Gründen:

1. Ist es einleuchtend, dass sofort ein großer Gewinn für die Schifffahrt darin liegen müsse, wenn man das bis jetzt nur für den Tag geltende Zeichen der Bremer Bake auch für die Nacht nutzbar und anwendbar machen konnte.

2. Kann das Leuchtschiff, welches in der Nähe der Bremer Bake seine Station hat, während der Nacht das Zeichen der Bremer Bake nicht vollständig ersetzen, indem nicht allein die Beleuchtung des Schiffs in den langen dunkeln Winternächten, zumal bei Schnee und Regen, nicht so kräftig wirken kann, dass das Schiff immer sichtbar ist, sondern weil es bei eintretendem Eisgang, seine Station sogar zu verlassen gezwungen wird.

3. Eine Kommission aus den erfahrensten bremischen Schiffskapitänen und Lotsen bei einer Untersuchung, welche am 6. Juli 1854 stattfand, erklärte, dass die Stelle der Bremer Bake in nautischer Beziehung eine durchaus geeignete sei zur Erbauung eines Leuchtturmes, und ich meinerseits erklärte, dass das Terrain, obgleich dem Bau überaus ungünstig, dennoch in technischer Beziehung eben keine Unmöglichkeit darbiete, die nicht zu überwinden wäre.

4. Es war ein Fakt, dass die gehörige Unterhaltung eines Leuchtschiffes und dessen Bemannung überall eine mühsame Administration erfordert und jährlich bei weitem größere Kosten in Anspruch nimmt als ein solider Leuchtturm mit dessen geringer Besatzung, und dass also

5. dem Staat in zweifacher Weise geholfen werden könne, einmal in Beziehung auf die Schifffahrt und ferner in Beziehung auf die verminderten Ausgaben der Staatshaushaltung.

II. Abteilung

Die Beschreibung des Terrains, auch in historischer Beziehung

Das Terrain, auf welchem die Bremer Bake steht, ist ein Teil eines etwa 10 km² großen, sehr mächtigen und sehr flüssigen Treibsandlagers, welches unter dem Namen Mellum die Jade von der Weser trennt.

Diese Mellum ist von mehreren Prielen (Stromrillen) durchschnitten, wodurch Abteilungen entstanden sind, welche eigene Namen angenommen haben und so trägt der Teil des Sandes bei der Bremer Bake den Namen ›Hohe Weg‹. Vermutlich war hier früher der höchste Rücken des mit Namen Mellum bezeichneten Sandes, den man jetzt an einem andern Teil desselben findet mit Namen Dünkirchen, etwa 3,8 km Meile unterhalb der Bremer Bake.

Die Bremer Bake selbst befindet sich in der Richtungslinie, welche von der Jungfernbake aus nach WNWest gezogen wird, oder genauer noch auf 53° 42′ 51″ nördlicher Breite und 8° 14′ 52″ östlicher Länge von Greenwich.

Die ganze Mellum war in alten Zeiten vermutlich ein grünes, etwas zu früh oder nur schwach eingedeichtes Land. An ihre Vergangenheit knüpfen sich interessante Erinnerungen, die ich hier glaubte, eigens anführen zu müssen, weil sie sonst sicherlich in die Vergessenheit geraten.

Mir wurde nämlich von Anbeginn meines Hierseins von älteren Schiffskapitänen wiederholt die Sage mitgeteilt, *»dass in der Nähe der Bremer Bake das Schloss Mellum gestanden habe«*, aber es konnte mir niemand darüber Beweise und noch viel weniger Details beibringen.

Der Bau unseres Leuchtturms trieb mich nun zu ferneren Forschungen, aber lange Zeit hindurch waren dieselben vergeblich. Endlich gelang es mir ganz unverhofft, ein altes zerrissenes gedrucktes Bruchstück von einer armen Tagelöhnerfamilie in der Nähe von Fedderwarden und Langwarden zu bekommen. Dasselbe deckt Vieles auf. Ich sandte es nach Oldenburg an den Baurat Lasius mit der Bitte, da weder Titel noch Schluss daran zu sehen war, dasselbe in der Bibliothek gegen die Oldenburger Chroniken anzuhalten und zu vergleichen und ich erhielt es, vom Archivar Dr. Leverkus geprüft, zurück mit der Erklärung, dasselbe sei:

»Ein historisch-theologisches Werk von Johann Friedrich Jansen, Diener des göttlichen Wortes zu Nyende in Jeverland, zu finden bei Joh. Andreas Grimm in Bremen und in Jever, 1722.«

Der Herr Pastor Jansen geht in diesem seinen Werk bis auf diejenige Vorzeit zurück, in welcher unsere Seeküste zu allererst bedeicht worden. Er teilt die Traditionen mit, welche die damalige Bevölkerung der Nachwelt überliefert haben und bezieht sich dabei auf alte Chroniken, als Hamelmann, Henning, Michaelis, Reusner, Winkelmann, Helmold und Emmius. Nach diesen Autoren erzählt er, dass gerade die erste bekannte Sturmflut nach der ersten Bedeichung dieser Länder die vom Jahr 1066 gewesen ist, welche das Schloss Mellum vernichtete, das etwa eine deutsche Meile unterhalb Langwarden – die Spitze des jetzigen Budjadinger Landes – gelegen war.

Dieses Schloss befand sich – so steht geschrieben – auf einem Sande, einem Keil ähnlich, welcher die Weser von der Jade trennt. *(Siehe Abb. 17, Weserkarte von anno 1511.)*

Von diesem Schloss sagt Jansen wörtlich das Folgende, indem er sich auf Hamelmann bezieht:

»Es ist dies Schloss von Walberto, Herzog Wigberti Sohn und Widekindi, des großen Königs von Sachsen Kindeskind erbauet, und ist unter Grafen Huno, nachdem es an die 200 Jahre gestanden, durch die Kraft der Wellen verloren gegangen.«

Er meint ferner, dass daran, »dass ein solches Schloss, Mellum genannt, gewesen«, nicht gezweifelt werden könne, »wenn man eine geschriebene gewisse Schrift von Henningius und Reusnerus liest«, worin es folgendermaßen lautet:

»Johann, Graf von Oldenburg, Heinrich II. Er diente Anno Domini 1007 dem Kaiser gegen die Sarazenen und Griechen in Italien und ein Jahrzehnt später gegen Polen. Er hielt die Burgen Mellum am Meer und Jadeleh, die von den Alten am Fluss Jade erbaut wurden, von wo aus er die Friesen bis nach Groningen unterwarf.«

Archivar Dr. Leverkus in Oldenburg behauptet übrigens dennoch, dass für die ganze Geschichte vom Jahre 1066 keine einzige echte historische Quelle aufzufinden sei, und meint ferner, dass dasjenige, was Herr Pastor Jansen hier erzählt, dieser wieder aus Handschriften von Laurentius Michaelis geschöpft habe, welchen Graf Johann XVI. von Oldenburg, der 1575 Jeverland von seiner Großtante, Fräulein Marie ererbte, zur Auslieferung des Manuskriptes zwang.

Wie dem aber auch sei, so ist hiermit doch noch kein logischer Schluss ausgesprochen, dass eben alles, was sich auf das Schloss Mellum bezieht, als Märchen aufzunehmen wäre, da z. B. auch wiederum die Geschichte des Schlosses Mellum mit der des Schlosses Jadeleh eng zusammensteht. Man findet da ferner zugleich das Entstehen des in jetziger Zeit wegen der beabsichtigen umfangreichen preußischen Hafenbauten so interessant gewordenen Jadebusen in der Sturmflut vom 17. November 1218 beschrieben, und ich kann es bei dieser Gelegenheit, obwohl diese Sachen nicht zum Technischen des Turmbaues gehören, nicht unterlassen sie anzuführen, damit die Zusammenstellung solcher interessanter Daten der Nachwelt erhalten bleiben möge.

Es heißt weiter in Jansens Schrift:

»Zu dieser Zeit anno 1218 ist der Jadefluss zu der Größe gediehen, dass da er vorhin nur ein kleiner Fluss war, nun zu einer großen See geworden, nachdem nämlich so viel Land verschlungen und mit dem Meere bedecket ist. Es ist auch in dieser Flut der sogenannte Schlicker Siel (der von dem Schlick in der See, wie Winkelmann bezeuget, den Namen geführt hat), welcher mit starken kupfernen Türen und von Graf Otto I. ums Jahr 970 gemacht worden, nicht weit von dem Ausflusse der Ahne gelegen, wie der Autor der geschriebenen Beschreibung von Rastedt anzeigt, eingebrochen und verloren gegangen.«

Es heißt daselbst ferner:

»Und wird man die Größe des Unglückes in etwas besser erkennen, wenn ich die Beschreibung einer geschriebenen Chronique eines Autoris, dessen Name Laurentius Michaelis gewesen und unter Fräulein Marie, Regentin von Jeverland, gelebet, so in teutschen Reimen verfertigt worden, hierher setze. Die Verse

Abb. 17. Die Wesermündung ums Jahr 1511.

sind, nach der damaligen Reimart gar elend und lauten sie, so viel zu unserm Vorhaben dienlich, also:

Wann einmahls kämm ein großer Sturm
Erwarff sich mit Wasser wie Gewürm
An ihre feste Wasserteiche,
Die sie gemachet vor der Sehe,
Welche damahlen manchen theten wehe
Sie müssen davor alle weichen,
Uebergoss das Land wol überall
Und litten großen Niederfall
An Allem in dem Lande.
Da gedachte Gott vielleicht ob sie einmahl
Ihnen vor den HEren kanden.
Nnn war in Rüsterland, ein großer Seyl
Mit kupfernen Thüren als ich sage in Eil
Durch den Sturm und Wasser eingebrochen
Nach Christi Geburth achtzehn Jahr
 zweihundert
Und tausend, hat sich mancher verwundert
Dass Gott es hette gerochen
Ihre Sünde in Sothanen großen Zorn
Ertrunken Menschen, Vieh und Korn
Dass erstlich durch diesen Schlickerseyl
 Rüsterland
Durch ihre Sünde und Übermuth einginck
Wann sie ihre Nachbauern noch Gott
 achteten im Land
Viel Menschen da vertranken bald
Mit Vieh, Weib, Kind, Jung und Alt«
usw.

Wenn man hier nun gefunden hat, dass dieser Schlicker Siel am Ausfluss der Ahne, aber auch zugleich noch am Rüstinger Land gelegen gewesen ist, so geht daraus ohne Widerspruch hervor *(Abb. 17)*, dass derselbe sich mitten zwischen Heppens und Eckwarden muss befunden haben und also das Budjadinger Land daselbst bis zu dieser Zeit geschlossen gewesen ist. Durch den Einbruch dieses Siels und der umliegenden Deiche ist also der Jadebusen wirklich entstanden.

Doch ich muss nun zum Schluss auf das Schloss Mellum zurückkommen, glaube nämlich für meine Person, sogar die genaue Stelle, wo dasselbe gestanden, aufgefunden zu haben, denn nicht allein stimmt dieselbe mit den Chronisten überein, sondern weil noch jetzt mit Augen die zu Tage geförderten Überreste eines großen Gebäudes in der Weser zu schauen sind. Was können dieselben anders sein als die des Schlosses Mellum?

Ich fand nämlich selbst im Oktober 1856 bei der Absteckung der Richtung für das unten im Turm ebenfalls für die Schifffahrt angebrachte einschneidende Licht, ein wenig unterhalb der Bremer Bake ganz in der Nähe der schwarzen M-Tonne, eine Stelle, woselbst eine starke Brandung herüberstürzte.

Bei näherer Untersuchung fühlte ich deutlich mit dem Peilstock Bruchstücke von Mauerwerk. Der Steuermann des zweiten Leuchtschiffes, welches nicht weit von der M-Tonne seine Station hatte, und welcher jetzt den Posten eines ersten Wächters auf dem Leuchtturm bekleidet, sagt bestimmt aus, dass er von diesem Mauerwerk bereits Bruchstücke aufgefischt habe, welche aussahen wie reines Mauerwerk von Tuffstein, und genau dasselbe Material ist, welches zu der Kirche von Blexen, die fast zu gleicher Zeit vom Bischof Willehadus um das Ende des achten Jahrhunderts erbaut ist, verwendet worden.

Eine kürzlich vorgenommene Ausmessung ergab, dass das Fundament des Schlosses Mellum sich wirklich, und zwar etwas westlich von der Linie der schwarzen Tonnen befindet. Sein Fuß liegt auf 8,7 m Wasser und misst daselbst einen Kreis von 58 m im Durchmesser. Die Grundmauern dieses Schlosses sind von Felsen und steigen mit einem Talüd von 2 : 1 hinauf bis zu einer Höhe von nicht weniger als 6,7 m, woselbst ein genau horizontales kreisrundes Plateau von 35 m im Durchmesser gefunden ist. Dieses Plateau wird von nur 2 m gedeckt zur Zeit des niedrigsten Ebbespiegels. Ich zweifle nicht daran, dass diese jetzt aufgefundene Steinmasse früher auf der Oberfläche des jetzigen Sandes, die später durch Wellenschlag und Sturmfluten miniert ward und senkrecht versank, gestanden hat, da ich im vorigen Jahr beim Turmbau selbst erfuhr, in wie kurzer Zeit das schnelle Ausschleifen des losen Treibsandes um das Fundament herum, einen sonst festen Bau in die größte Gefahr bringen kann. Denkt man sich nun diese 6,7 m hohe Steinmauer auf dem 1,5 m über Ebbespiegel liegenden Sand, so gab diese gesamte Höhe von 8,2 m genügende Sicherheit, um das Schloss Mellum selbst auf dem noch vorhandenen 58 m im Durchmesser haltenden Plateau, vor Sturmfluten gesichert, zu erbauen. Diese Höhe stimmt auch mit der der Seedeiche.

Endlich sagt uns schließlich die Geschichte der freien Stadt Bremen, nach den alten Bremer Chroniken wörtlich:

»1066 wurde eine Seetonne unten an der Weser gelegt und nach dem von der See verschlungenen Schlosse Mellum benannt. Bremen wurde damals belagert von dem Herzog Magnus von Sachsen.«

Da nun hier erwiesen wird, dass in demselben Jahr, in welchem das Schloss Mellum versunken, daselbst von Bremen auch eine Seetonne gelegt ist, so ist offenkundig, dass eben diese Seetonne als Warnzeichen für die Schiffe hat dienen sollen.

Aus den Akten des Hauses Schütting in Bremen geht hervor, dass man an der Stelle der auf dem Smidtsteert um 1697 erbauten, dann abgebrannten und schließlich durch Sturm wieder vertriebenen Notbake, 1550 m südlicher eine neue Bake (die jetzige Bremer Bake) um 1783 errichtet hat, indem das Ausschleifen des Sandes um diese 26 m im Durchmesser haltende Steinbank, auch damals noch Burg genannt, das Terrain von der Mellumplate abriss. Diese Steinbank liegt nahe bei der M-Tonne und trifft ganz genau mit der für das in den Oldenburger Chroniken von Reusner, Henning, Michaelis und Hamelmann für das Schloss Mellum bezeichneten Stelle – 1½ Meilen unter Langwarden im Wasser – zusammen.

Und damit möge denn endlich in historischer Beziehung über diesen Sand genug gesagt und genug bewiesen sein. Kehren wir nun wieder zu der technischen Sache zurück.

Mit aller Behutsamkeit habe ich die Lage des Sandes, worauf jetzt der Leuchtturm gebaut ist, untersucht, um hauptsächlich zu ermitteln, ob der Sand im Zu- oder Abnehmen begriffen sei. Aus Akten vom Jahr 1783, welche im Hause Schütting in Bremen vorhanden sind, das Jahr, in welchem die jetzige Bremer Bake, obgleich in anderer Gestalt, erbaut wurde, geht im Vergleich gegen die jetzige Lage des Sandes deutlich hervor, dass der Sand sich im Verlauf dieser Zeit um 0,9 m Fuß erhöht und um 87 m in Breite nach der Ost- oder Stromseite (die Weserseite) zugenommen hat. Wir wissen nun zwar nicht, in welcher Progression nach Zeitintervallen eine solche Zunahme stattgefunden hat, um danach mit einiger Sicherheit wieder auf eine folgende Serie von 74 Jahren zu schließen; allein die an der Stromseite in der Benetzungslinie des niedrigen Wassers vorliegende konvexe

Kurve lässt auf die nächste Zukunft wenigstens noch Anwachs erwarten, wie denn auch bei der noch beträchtlichen Entfernung des neuen Leuchtturms von 230 m von dieser Linie vor der Hand wohl keine Besorgnis für Abbruch zulässig ist. Indessen wird man wohl tun, alljährlich von einer bestimmten Linie auf dem Land ausgehend, an bestimmten Punkten Ordinaten nach dem Wasser hin sorgfältig zu messen und diese zu nivellieren.

III. Abteilung.

Die Einrichtung des Bauplatzes und die Beschreibung des Baus

Es wurden in den Tagen vom 23. September bis zum 1. Oktober 1854 Untersuchungen über die Tragfähigkeit von Pfählen in dem Treibsand angestellt. Sowohl an der Widerstandsfähigkeit der Reibung des Sandes an den Pfahlflächen im vorhandenen Bakenfundament, wie auch an dem Eintreiben neuer Pfähle in den Sand musste ich erkennen, wie das Turmfundament einzurichten sei. Man hielt es unter Umständen auch noch für möglich, dass vielleicht das Bakenfundament für das Turmfundament dienen könne.

Bei dieser Untersuchung, die erste welche vorgenommen wurde, nach dem etwa 30 km von hier abgelegenen Bauplatz mit einem Rammgestell zum Eintreiben von Pfählen so wie mit Wuchten und Hausschrauben zum Herausziehen der Bakenpfähle und mit etwa 24 Arbeitern, erhielten wir gleich eine Warnung, uns daselbst sicher einzurichten, indem urplötzlich ein Sturm eintrat, welcher den aufsichtführenden Baubeamten und noch 11 Arbeiter in wirkliche Lebensgefahr brachte, so dass diese sich mit ihrem Schiff auf einige Tage von der Arbeitsstelle wegflüchteten und die Arbeit geradezu eingestellt werden musste, nachdem noch erst ein Teil der Mannschaft sich eine Nacht hindurch in der Bake halten musste, da nicht an Bord zu kommen war.

Wir fanden das Fundament der Bremer Bake als ein zwölfseitiges Polygon von 12,2 m kleinstem Durchmesser mit 70 Stück Pfählen, wie der Grundriss *(Abb. 18)* angibt. Davon waren die Eckpfähle 5,8 m und die Mittelpfähle 3,5 m lang.

Bei der Untersuchung über die Widerstandsfähigkeit dieser Pfähle fand ich bei eigener Anschauung, dass zwei Gestelle starker Hausschrauben nötig waren, die Eckpfähle zum Nachgeben zu bringen. Die Mittelpfähle ließen sich dagegen bei nur geringer Kraftanwendung herauswuchten. Die Pfähle waren alle von Eichenholz, mit eisernen Schuhen beschlagen und von verschiedener Stärke.

Das Fundament der alten Bake hat die Höhe des gewöhnlichen Hochwassers. Die Fundamentpfähle sind mit Schwellen belegt in gehörigem Zimmerverbande, wie die Zeichnung aufweist. Zwischen den Pfählen sind die Räume mit Ballaststeinen angefüllt und darauf mit einem Bohlenbelag bedeckt. Um das Polygon herum ist zum Schutz der Bake eine unregelmäßige Steinböschung ohne ein bestimmtes Profil von Feldsteinen geschüttet, im Gewicht von 25 kg bis zu

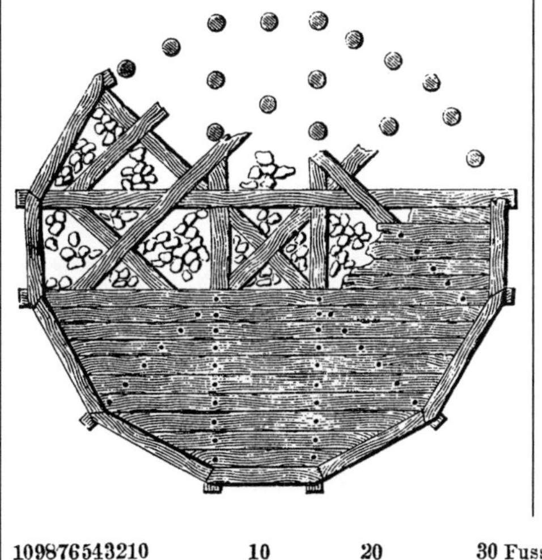

Abb. 18. Zustand der Bremer Bake 1854.

300 kg abwechselnd. Die Steinböschung hat keinen eingeschlossenen Fuß und bildet also vielmehr ein loses Steingerölle, welches durch die im Winterhalbjahr aus dem Nordwesten herkommenden und oft wiederkehrenden Stürme, so wie durch die dieselben begleitenden schweren Seegänge regelmäßig alljährlich von der Nordwest- nach der Südostseite gewandert war. Man hatte sich dann einfach damit begnügt, diese leicht zu handhabenden Steine im Frühjahr wieder aufzunehmen und an die Nordseite zu bringen, wo sie dann bis zum Spätherbst ungestört liegenblieben.

In früherer Zeit scheint Bremen die Beschützung der Bremer Bake durch gar zu leichte und kleine Steine beschafft zu haben, denn die alten Rechnungsbücher weisen darüber viele Tausend Lasten nach, die nicht zu finden sind und demnach wohl regelmäßig fortgespült sein müssen.

Das Holzwerk ist, sofern Wasser und Luft dasselbe abwechselnd hat, berühren können, bis auf etwa 1 m unter Hochwasser meistens vergangen und verwittert; darunter fand ich es wieder gesund, obgleich vom Seewurm in den Gängen der Holzfasern 60 cm tief stark durchnagt, aber noch weiter nach unten, also unter der Höhe der halben Tide, war das Holz völlig gesund und hart geblieben und vom Seewurm nicht im geringsten angetan. Das Flutintervall beträgt hier 3,5 m.

Da der Sand an der Stelle der Bremer Bake, etwa 1,75 m unter Hochwasser liegt, so hätte man von den Fundamentpfählen die oberen Teile herunterschneiden und zum Turmfundament verwenden können; aber dazu wären al-

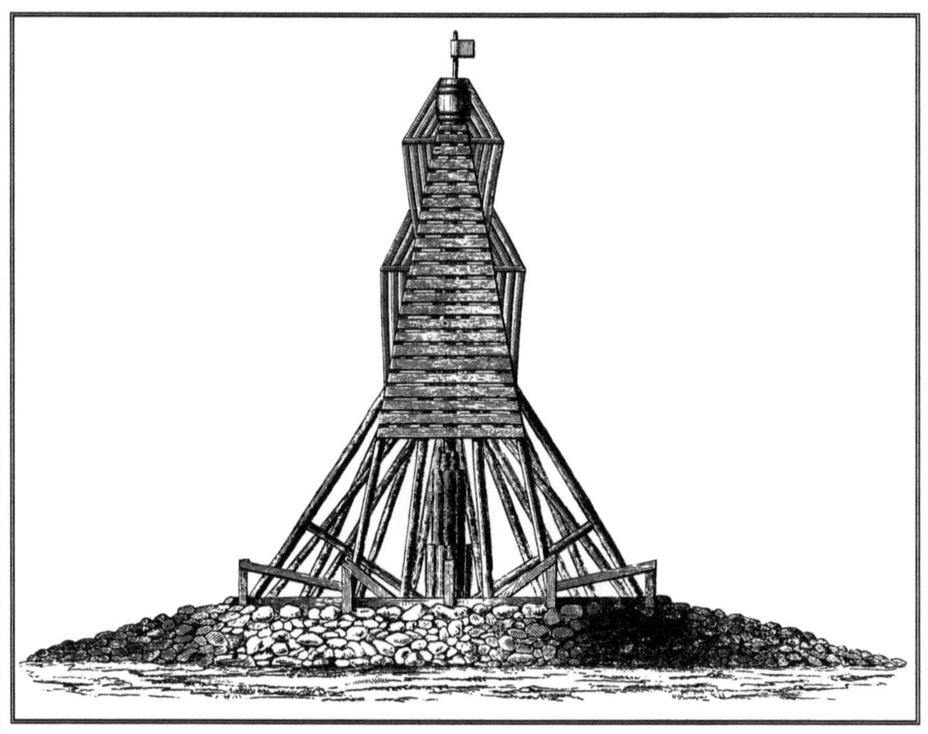

Abb. 19. Die Bremer Bake vor Beginn der Bauarbeiten.

lein nur die 12 Eckpfähle tauglich gewesen, da die anderen nicht die erforderliche Länge hatten. Auch während der Bauzeit des Turmes durfte die Bremer Bake als Seezeichen von den Seefahrenden nicht vermisst werden, da solches in der Schifffahrt Anlass zu Verwirrungen hätte bringen können. Aber noch ein anderer wichtiger Grund sprach dafür, den Turm neben der Bake zu bauen.

Es kam hier nämlich zunächst darauf an, in welcher Weise der Bau in Angriff zu nehmen sei, damit derselbe unausgesetzt und ungestört während der täglich zu benutzenden Ebbestunden fortschreiten konnte und es war das keine leichte Aufgabe. Wollte man ein Schiff in der Nähe der Bremer Bake vor Anker legen, welches sowohl den Arbeitern wie auch dem Baumaterial respektive als Wohnung und Magazin dienen sollte, so

würde bei dem jedesmaligen Zeitverlust des Ein- und Ausschiffens von Menschen und Materialien es oft vorgekommen sein, dass für die Arbeit selbst gar keine Zeit übriggeblieben wäre und dieselbe sich also auf null reduziert hätte, denn je nach dem herrschenden Winde und den Spring- und Totentiden ist nur jedes Mal auf drei bis vier Stunden Arbeitszeit zu rechnen, in welchen der Sand bei der Ebbe nicht überflutet ist. Bei anstehendem östlichem Wind aber, und sogar im Sommer beim schönsten Wetter wäre das Ausschiffen oder Landen sehr beschwerlich gewesen, da eine alsdann stattfindende Brandung gegen das flache Ufer solches fast unmöglich macht, und außerdem hätte das Schiff bei einer solchen Gelegenheit jedes Mal nach einem anderweitigen sicheren Ankerplatz flüchten müssen.

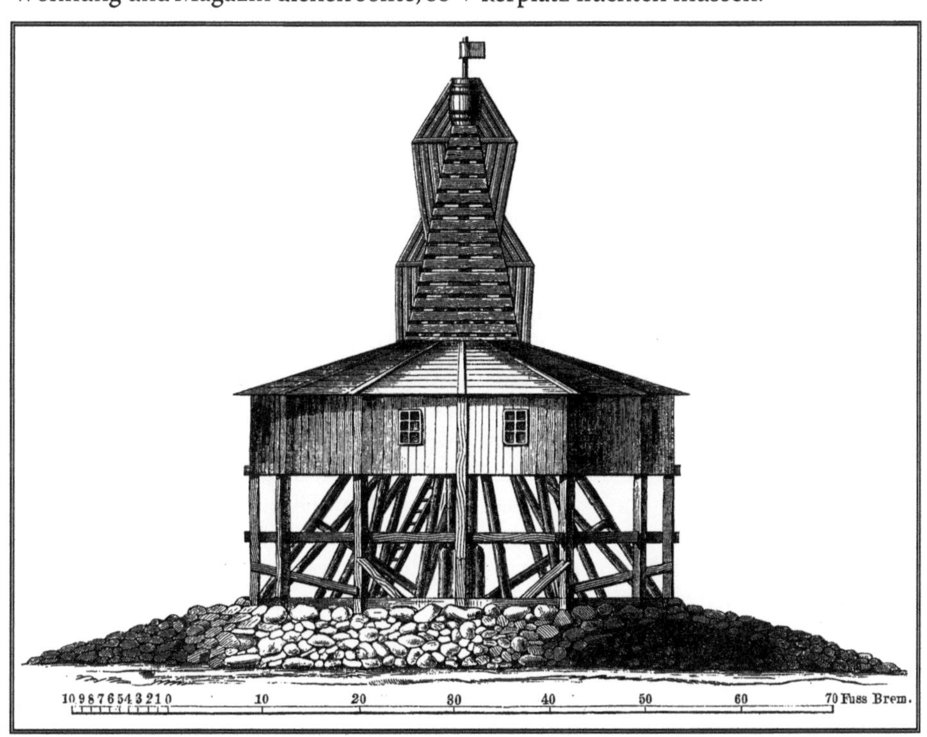

Abb. 20. Die Bremer Bake mit Quartier für die Arbeiter.

So richtete ich dann zur Unterbringung des Arbeiterpersonals die Bremer Bake selbst *(siehe Abb. 19)*, die ich zu diesem Zweck noch stark genug fand, außerdem einem Lagerraum für Handwerksgeräte, für Utensilien und Materialien, welcher unten in der Bake auf 1,15 m über gewöhnlich Hochwasser angebracht werden konnte, auf etwa 6 m hoch über den Sand völlig flutfreie Wohnungen, Küche usw. ein. Für den Aufsichtsbeamten und den Unternehmer wurden völlig möblierte Zimmer eingerichtet, und als die höchste Zahl (etwa 70 Menschen) nach Einstellung der Rammarbeit auf beinahe die Hälfte sich verlor, konnte auch für mich eine kleine Abteilung eingerichtet werden. Die Ansicht dieser flutfreien Wohnungen gibt die *Abb. 20* an.

Auf diese Weise konnte die Arbeit bereits anfangen, wenn das Terrain bei fallendem Wasser noch etwa 15 cm unter Wasser stand und eben so auch bei der rückkehrenden Flut. Es hat sich diese Einrichtung als zweckmäßig während der ganzen Bauzeit und namentlich während der langwierigen Rammarbeit des Fundaments herausgestellt. Freilich konnten die Bewohner dieser Bake in der Zeit des Hochwassers und namentlich während der Nacht bei stürmischem Wetter sich nie des Gefühls einer großen Unsicherheit erwehren, aber durch den Umgang mit der Gefahr wird man mit derselben vertraut und der Eine geniert sich vor dem Anderen, Furcht auszusprechen, wie man das kennt. Genug es ließ sich das nicht anders machen.

Beim Eintreiben von zwei Probepfählen von starkem Kiefernholz fanden wir das Resultat, dass mit einem Rammbär von ca. 300 kg bei durchschnittlich 1,5 m Fallhöhe und 24 rasch aufeinanderfolgenden Schlägen bei einem Gewicht des Pfahls von 300 kg der Einzug des Pfahls höchstens noch 1,2 cm betrug und dieses nach Berechnungen 432 t als totes Gewicht ergab, welches der Pfahl zu tragen im Stande sei. Die Pfähle waren 5,2 m lang und zogen bei 3,5 m ebenso wenig als bei 5,2 m.

Da nun der Sand ein überaus mächtig angeschwemmtes und an sich loses Treibsandlager bildet, so ist es klar, dass hier von einer Kohäsion fast nicht die Rede sein kann und dass unter solchen Umständen ein Pfahl von 9 m und noch länger keine nennenswert größere Widerstandsfähigkeit hervorbringen kann, als einer von 5 m.

Das Gewicht des projektierten Turms wurde gerechnet auf circa 1500 t und es sind zu dem Neubau veranschlagt 120 Stück Pfähle zu 4,35 m Länge, wonach jeder Pfahl 12,5 t zu tragen hat. Dieselben können aber nach der Berechnung wie vorhin einzeln 432 t tragen und garantiert das Fundament mithin eine mehr als 34-malige Sicherheit.

Die neuen Pfähle kamen mit ihren Köpfen gleich mit dem Sand und ca. 1,75 m tiefer zu stehen als die an der Bremer Bake und sie sind in dieser Tiefenlage vollkommen geschützt gegen den Seewurm.

Die Bauzeichnung *Abb. 21* weist die Konstruktion des ganzen Baus des Leuchtturms auf, und ich werde nun, während ich die einzelnen Teile desselben in ihren Dimensionen und ihrer Beschaffenheit behandeln will, zugleich da, wo es mir nötig erscheint, Gründe anführen, welche mich dazu bestimmt haben, die Konstruktion so zu nehmen und nicht anders.

Da der Sand an der Baustelle 1,75 m unter dem normalen Hochwasser liegt, so musste das Grundmauerwerk des Turmes vom Sand ab bis auf einige Meter über Hochwasser aufgezogen werden, um daselbst den Eingang in den Turm zu gewinnen. Dieses Mauerwerk musste aber auch wieder nicht allein gegen den täglichen Wellenschlag, sondern auch gegen den Eisgang im Winter geschützt werden, und diese Beschützung konnte nur durch eine Steinböschung in Ausführung gebracht werden, die ihrerseits wiederum in dem losen Treibsand so befestigt werden musste, dass sie nicht ausweichen konnte. Außerdem mussten die Fundamentpfähle allesamt fest eingeschlossen werden, damit möglicherweise der Sand durch den Druck des Turmgebäudes nicht seitwärts ausweichen könne. So entstand nach diesen Bedingungen für das Turmfundament eine Konstruktion, wie sie *Abb. 21* aufweist.

Um nämlich solchen Anforderungen möglichst zu genügen, hielt ich es für zweckmäßig, das Turmfundament durch eine achteckige mit übereinandergreifenden Gurthölzern versehene Kernwand zu umschließen und die einzelnen Polygonseiten vermittelst eiserner Anker miteinander diametral zu verbinden. Auf diese Weise war der Sand eingeschlossen und es ließ sich derselbe fast nicht mehr zusammendrücken. Hätte man das mit erdenklichster Gewalt dennoch tun wollen, so hätte derselbe unter die Kernwand hindurch entweichen müssen, was freilich sehr schwer gehalten hätte, aber doch möglich gewesen wäre. Ich hielt darum eine Querverspannung für erwünscht, obwohl eine einfache Einschüttung von Beton zwischen dem Achteck allenfalls wohl genügt haben würde. Übrigens gebietet es die Vernunft, bei einem so weit abgelegenen, den Elementen stets preisgegebenen Bauwerke möglichst auf der Hut zu sein.

Zwischen den eingerammten Pfählen wurde nun der Sand 90 cm tief ausgegraben und dieser Raum mit Beton ausgefüllt und war damit unbedingt das Turmfundament sichergestellt.

Um das Mauerwerk des Turmfundaments herum konstruierte ich eine, in einer konkaven Linie ansteigende Steinböschung. Der Fuß dieser Steinböschung stützt sich gegen 1,75 m lange bei 44 cm tief unter die Oberfläche des Sandes eingerammte Pfähle, die ich mit einer 22 mm starken eisernen Kette der besten Sorte umspannen und diese wiederum an den Fundamentpfählen des Turmes vermittelst eingemauerter Kreuzhölzer befestigen ließ. Wegen einer zu frühzeitigen Oxidation dieser Ketten bin ich nicht besorgt, da der Sand gerade in seiner Beschaffenheit als Treibsand sich durch Anbringung von Faschinen so fest in dieselbe einsetzt, dass an ein Ausweichen der Steinböschung nicht gedacht zu werden braucht. Ihr Fuß ist alsdann gesichert und die zur Sicherung angebrachten Anker werden auf diese Weise bald überflüssig.

Ich habe die Form der Steinböschung konkav genommen, um dadurch den geraden Anlauf der Wellen in ihrer fortgesetzten Bewegung zu unterbrechen, so dass wenigstens die gewöhnlichen täglichen Fluten nicht gegen das Turmmauerwerk auflaufen und außerdem das Aufschieben des Eises gegen den Turm erschwert werde. Ich habe diese Absicht erreicht.

Die Steine selbst habe ich von schwerem Kaliber genommen, denn Erfahrungen, die mir nicht allein in Bremerhaven, sondern auch in früheren Zeiten an den Seeküsten in Holland Vorlagen, haben es genugsam herausgestellt, dass bei schweren Seegängen und einem angelegten Talüd von 2:1 die Böschungen

Abb. 21. Bremer Leuchtturm in der Unterweser an der Stelle der Bremer Bake.

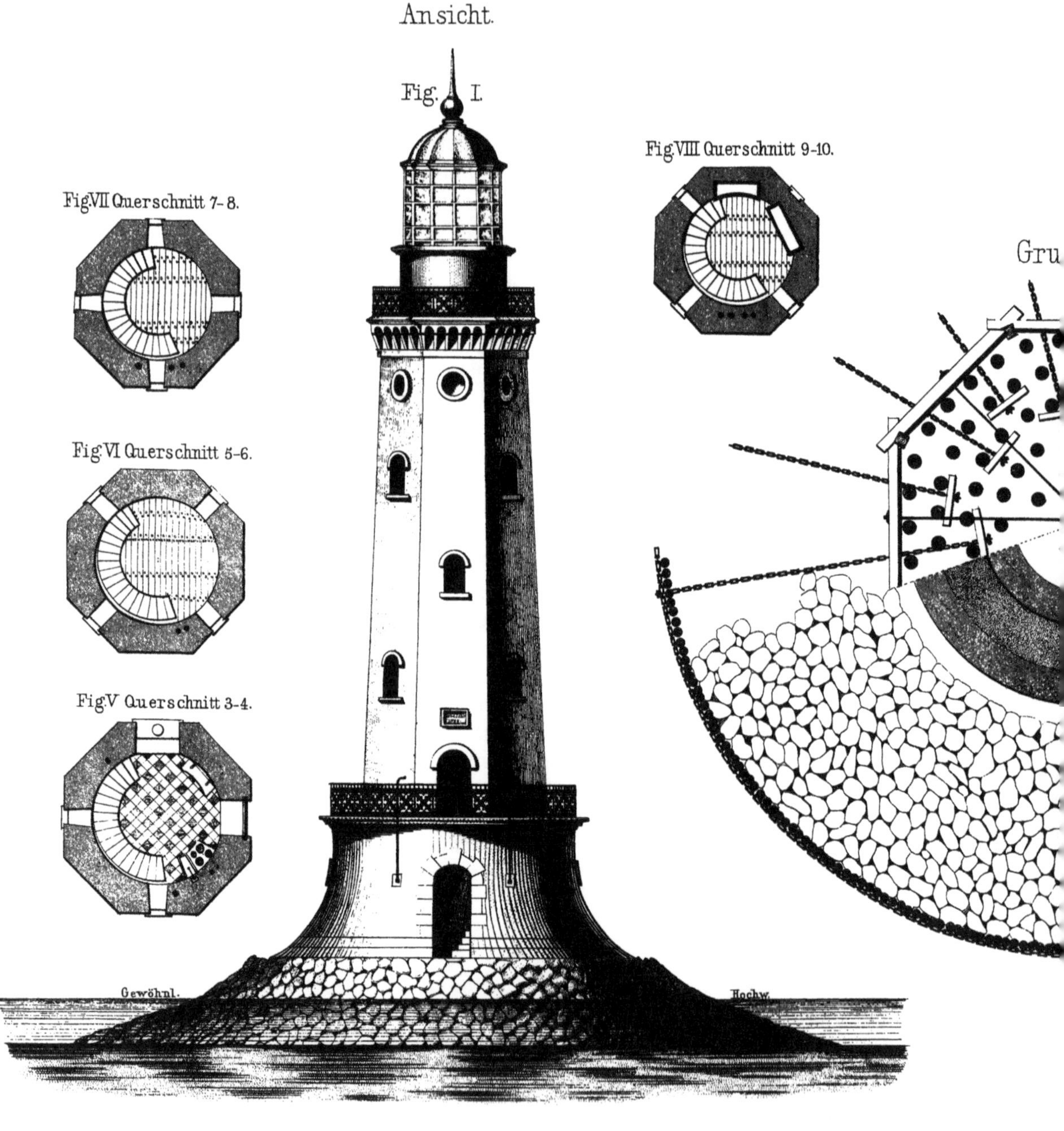
Ansicht.
Fig. I.
Fig VII Querschnitt 7-8.
Fig VI Querschnitt 5-6.
Fig V Querschnitt 3-4.
Fig VIII Querschnitt 9-10.
Gru
Gewöhnl.
Hochw.
100 Brem. Fuss.

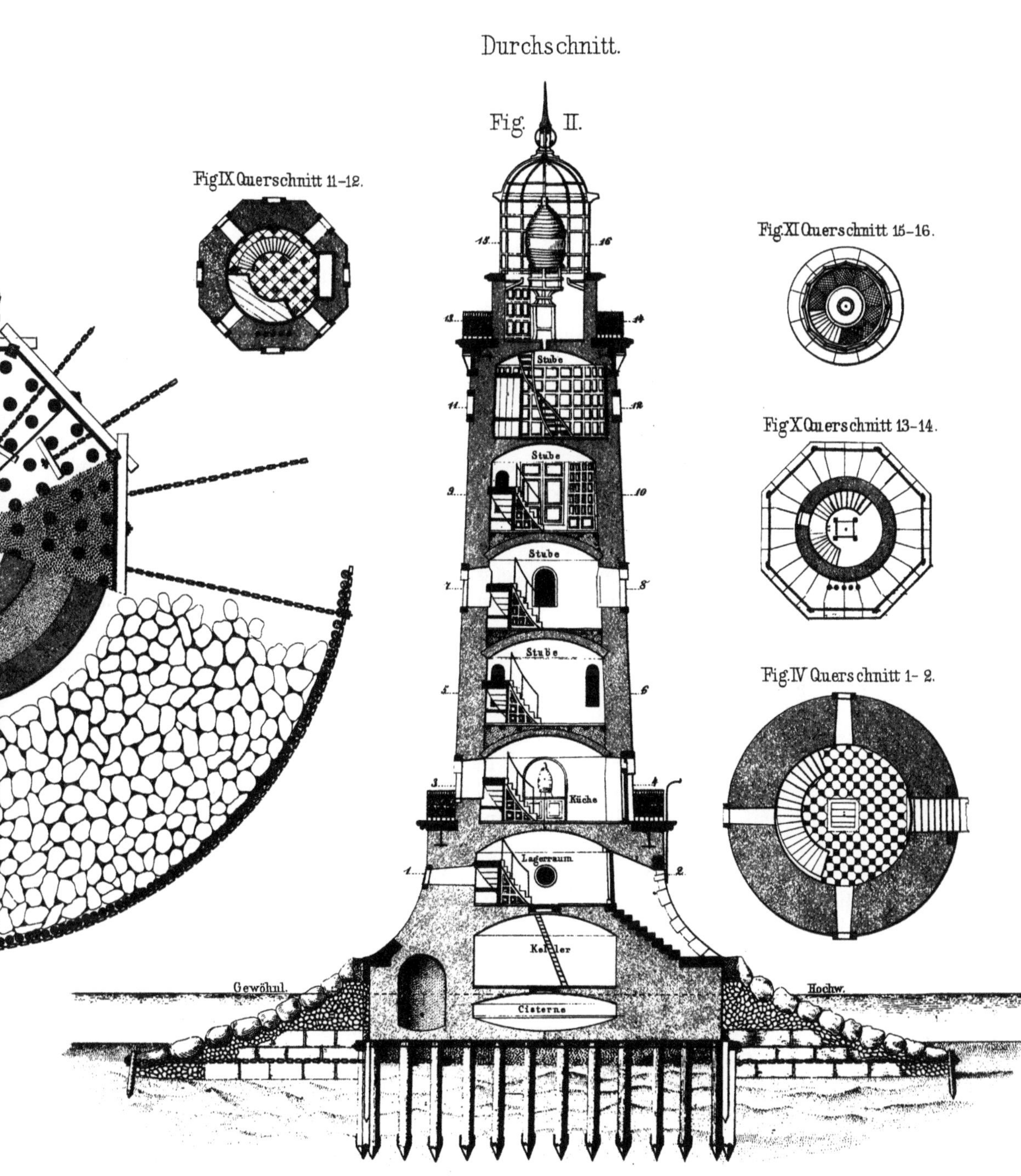

Durchschnitt.
Fig. II.
FigIX Querschnitt 11-12.
Fig.XI Querschnitt 15-16.
Fig.X Querschnitt 13-14.
Fig.IV Querschnitt 1-2.
Stube
Stube
Stube
Stube
Küche
Lagerraum
Keller
Cisterne
Gewöhnl.
Hochw.

von mindestens 60 cm dicken Steinen bekleidet sein müssen. Es dürfte eine solche auch für die neuerdings ausgesprochene beabsichtigte Befestigung der Westküste der Insel Norderney notwendig sein.

Hier sind keine Steine unter 500 kg schwer, aber wohl darüber, in Anwendung gekommen und die Krone der Steinböschung, welche sich vermittelst eines Banketts von 60 cm Breite gegen den Turm anlehnt, besteht aus einer 90 cm tiefgehenden Betonmasse. Bis zu 1,3 m über normal Hochwasser ist der Turm durch diese Steinböschung gegen den Andrang der Wellen und des Eises geschützt, und wenn gleich diese Steinböschung kein eigenes unterrammtes Fundament besitzt und sich dieselbe noch wohl ein wenig setzen kann, so wird sie dennoch der von ihr gehegten Erwartung entsprechen.

Die Fugen der Steinböschung sind erst mit Treibsand ausgeschlemmt, dann mit einem Betonmörtel nachgegossen und die Oberfläche endlich mit starkem Portlandzement ausgestrichen und so ist dergestalt die Steinböschung mit den mir bekannten besten Mitteln versorgt.

Das Grundturmmauerwerk misst in seiner Basis 13 m im Durchmesser und hat in demselben nicht allein einen hinreichenden Platz zu einem Keller von 4,65 m im Durchmesser und einer Zisterne von 16 m³ Wasser gelassen, sondern von demselben hat man noch ein parallel mit der Kellerwand laufendes und mit Sand ausgefülltes Spargewölbe von 2,75 m hoch und 1,75 m breit um den Keller herum abnehmen können, ohne den Grundbau eben mehr als gebührend zu schwächen.

Den Fuß des Turmes, wo sich derselbe an die Krone der Steinböschung anschließt, bilden zwei Reihen belgischer Kalksteine, welche sich gegen ein in starkem Trassmörtel gemauertes Mauerwerk anlehnen.

Der Trass ist nicht vom Rhein als gemahlen direkt genommen, eben weil man oft erfahren hat, dass dadurch viel Betrug stattfindet, dass gelbe Erde oder sogenannter wilder Trass mit eingeladen oder verkauft wird. Er ist vielmehr in Holland gemahlen und von daher entnommen, eben weil man dann sicher ist, dass er daselbst rein gemahlen und, wenn es sein kann, aus den besten Tuffsteinstücken genommen, geliefert wird. In Holland darf nämlich gesetzlich am Rhein gemahlener Trass, obiger Gründe halber, nicht eingeführt werden. Dass dennoch der am Rhein gemahlene zweifelhafte Trass noch immer in Norddeutschland eingeführt wird, hat, seinen Grund darin, dass er etwas billiger geliefert werden kann, indem es dabei weniger auf das Material wie auf die Schiffsfracht ankommt und daher ist es gekommen, dass die Trassmühlen von Nielsen, Philippi und Bröckelmann in Bremen usw., welche die Tuffsteinstücke in Original mahlten, eingegangen sind. Ähnlich ist es in Hamburg gegangen, und es ist das für den praktischen Wasserbau nicht sonderlich erfreulich, da ein paar Taler mehr pro Last von 2 t für das eigentliche Bindemittel eines Wasserwerkes doch wohl kein Objekt abgeben kann.

Das äußere Mauerwerk geht sodann in einer konkaven Linie hinauf bis zur Höhe von 9,6 m über null oder 1,75 m über die Kappenhöhe der hannoverischen Deiche und hat daselbst einen Durchmesser von 8,7 m.

Dieses Mauerwerk besteht an der Außenfläche aus sogenannten Bockhorner braunen Klinkersteinen, wechselweise 1½ und 2 Steine tief in Portlandzement und Sand, im Verhältnis von 1:1 bis ganz hinauf. Das übrige Mauerwerk besteht aus gaaren Mauersteinen in Bastardtrass gemauert, ausgenommen die Umschließung der beiden unteren Räume im Turm, welche des Wellenschlages wegen in der vollen Dicke in Portlandzement wie oben gemauert ist. Das Fugen alles Mauerwerks ist gleichzeitig bei dem Aufmauern mit dem frisch ausgepressten Zement beschafft. Zur Mischung sämtlichen Mauerwerks ist Süßwasser aus der Leher Wasserleitung in Anwendung gebracht, welches selbstverstanden eigens per Schiff nach der Arbeitsstelle geschafft werden musste.

Der Eingang zum Turm ist mit Werkstücken von belgischen Steinen eingefasst und kunstgemäß verankert. Die nach dem Lagerraum führende Treppe ist von Sandstein.

Das so aufgezogene konkave dicke Mauerwerk ist auf 9,6 m über null mit Grauwerksplatten gedeckt, welche eine mit einem eisernen Geländer eingeschlossene den Turm umgebende 1,2 m breite Terrasse bilden.

60 cm hoch über der Terrasse münden zwei seitwärts aus der dicken Turmmauer für den Keller angebrachte, einander diametral gegenüberstehende Ventilierungskanäle, deren Ausmündungen mit einer gusseisernen Rosette in zwei übereinander schiebbaren durchwirkten Platten verschlossen werden können, wodurch dem Keller beständig frische Luft zugeführt wird.

Der Lagerraum unter der Terrasse wird beleuchtet durch drei runde Fenster von Gusseisen von 60 cm Durchmesser.

Dann sind noch im Mauerwerk unter der Terrasse vier Stück schwere, 1,75 m lange eiserne Anker je zwei zu zwei übereinander eingemauert und daselbst mit Schotten aufgeschlossen, und zwar an der südöstlichen Außenseite des Turms zur Anbringung von zwei beweglichen Kranarmen für ein Rettungsboot. Zu diesem Zweck liegen zwei Anker 60 cm tiefer als die anderen, jedoch genau lotrecht übereinander. Jene unteren Anker sind, da wo sie aus dem Mauerwerk heraustreten, mit einem kleinen stählernen Topf von 7 cm Durchmesser versehen, um darin die drehbaren Kranspindeln aufzunehmen, dagegen sollen die beiden obersten Ankeraugen, welche genau lotrecht über den Töpfen stehen, als Führung der genannten Spindeln dienen.

Von der soeben genannten Terrasse an ist der Turm in der Form einer regulären achtseitigen Pyramide, die in der Höhe von 27 m über null abgestumpft ist, aufgezogen. Die Pyramide hat an der Basis einen kleinsten Durchmesser von 6,6 m und beträgt die Mauerdicke hier genau vier Steine oder inkl. der Fugen 103 cm. In der Höhe von 25,5 m über null, das ist bis zu den Widerlagern des obersten Gewölbes des Turmes, ist der kleinste Durchmesser des Achteckes noch 5,2 m und beträgt demnach die ganze Verjüngung der Pyramide von ihrer Basis an 70 cm. Die Mauerdicke beträgt daselbst 90 cm. Davon ist das Mauerwerk bis über die Küchenetage ganz mit starkem Portlandzement gemauert, gegen das mitunter vorkommende Anspritzen der Wellen; die übrige Höhe des Turmes dahingegen ist an der Außenseite mit Bockhorner Klinkern wechselweise 1 und 1½ Steine in starkem Portlandzement und das Binnenmauerwerk in Bastardtrassmörtel vermauert.

Im Inneren ist der Turm rund und hält in der Höhe der Terrasse an seiner Basis 13,3 m und oben 12,2 m im Durchmesser und dieses Turmmauerwerk ist durch ein Gesims von Grauwerk, welches ebenfalls die Tamboursmauer der Laterne umschließt, abgedeckt. Das Krongesims ist mit einem eisernen Geländer umgeben und so schließt dasselbe wie unten auch hier wiederum eine Terrasse außerhalb der Laterne ein. Über der unteren Terrasse hat der Turm fünf verschiedene Etagen, wobei ein Küchenraum mit Sparherd usw.

Die sämtlichen in dem Turm befindlichen Treppen sind von Sandstein und sind Freitreppen, welche ohne weitere Unterstützung jedes Mal an ihrem oberen Ende das für sie ausgeschnittene Gewölbe zum Widerlager haben.

Die Abteilungen sind sämtlich inwendig rund und mit eisernen Fenstern, mit Schränken und Schlafstellen versehen. Alle haben eiserne Windöfen mit separaten Schornsteinen bis oben hinaus und sie sind durch Verschläge über den Treppenöffnungen mit darin angebrachten Türen voneinander getrennt. Die Küche und der Lagerraum so wie die Dienst- und Laternenstube sind mit Fliesen belegt und in letzterem Raum noch die Wand mit kleinen weißen Fliesen besetzt gegen das Stauben.

Das Licht der Laterne steht mit seinem Kern 31 m über null und das Obere der Kuppel der Laterne etwa 34,2 m.

Die Laterne bildet ein regelmäßiges Zwölfeck, hat 12,9 m äußerem Durchmesser mit zwölf gusseisernen Ständern von 10×9 cm. Sie hält 60 Zwischensprossen, wovon die drei unteren Reihen mit Wasserrinnen und die untersten mit Ventilationsöffnungen versehen sind. Außerdem habe ich in der Tamboursmauer noch drei verschließbare Öffnungen zur Vervollständigung der Ventilation anbringen lassen, denn es kann dafür bei einer jeglichen Beleuchtungsart nie genug geschehen. Man muss nämlich dahin streben, die Luft in der Laterne möglichst in derselben Temperatur mit der Außenluft zu halten, als einziges Mittel, um das Beschlagen der Fenster zu verhüten. Die Laterne wird von einem kugelförmigen starken Kupferdach, wovon der m^2 mindestens 10 kg wiegt, gedeckt, und auf diesem Kuppeldach befindet sich außerdem ein großer Kugelventilator nebst noch zwölf kleinen Ventilatoren. Die

Laterne ist verglast mit 48 Stück großen 12 mm starken Spiegelscheiben und ist außerdem mit einem Blitzableiter versehen. Die Fortsetzung der gemauerten Schornsteinröhren bilden starke kupferne Röhren, welche über die Laterne hinausreichen und an der Tamboursmauer befestigt sind.

Auf diese Weise ist also der Turmbau ausgeführt worden und während *(siehe Abb. 22)* eine Kommunikationsbrücke von der Bake, in welcher die Arbeiter wohnten, in den Turm führte, war an der anderen Seite des Turmes ein Gerüst, etwa 6 m hoch über dem Sand und als Gitter gebaut, zu freiem Durchgang der Wellen und groß genug zu einem geräumigen Schuppen für Kalk, Zement, Eisen und Holz mit noch einem freien Lagerplatz für etwa 400 000 Stück Ziegelsteine, so auch zur Lagerung der erforderlichen Tonnen mit Süßwasser zum Vermauern.

Dieses Gerüst mit seinem Schuppen ist gleich nach der Beendigung des Baues abgebrochen worden, allein die alte Bake mit den darin eingerichteten Wohnungen, etwa 17 m vom Fuß des Turmes entfernt, ist für den Augenblick noch stehengeblieben, da man glaubte, dass dieselbe zu weiteren Zwecken vielleicht noch dienen könnte.

Bis etwa Mitte November 1856 war die Aufstellung des Lichts, welches nach dem System Fresnel ein katadioptrisches festes Licht zweiter Ordnung bildet, ebenfalls beschafft, so wie die Bemannung und Verproviantierung des Turmes angeordnet, so dass am 1. Dezember 1856 das Licht zum ersten Male der Schifffahrt seinen Dienst erweisen konnte. Die folgende Bekanntmachung wurde dieserhalb vom hohen Senat dem Publikum am 10. November 1856 mitgeteilt:

Ich werde später auf die Wirkung des Lichts und seiner Intensität, so wie seiner Einrichtung zurückkommen.

Indem ich nun alles, was den Bau des Leuchtturmes anbetrifft, abgehandelt und die Lage des Turms in seinem Zustand bis zum 1. Dezember 1856 vorgeführt habe, darf ich ein Ereignis nicht übergehen, welches sich bald darauf zutrug und mich die große Beweglichkeit des Treibsandes bei den darüberlaufenden Strömungen so recht erkennen ließ und darum für die Technik wichtig ist:

Am 22. Dezember 1856 nämlich erhielt ich von dem ersten Wächter des Turmes einen am 16. geschriebenen Bericht, dessen Eintreffen durch Mangel an Kommunikation verspätet war, des Inhalts:

»Das vom 6. bis zum 13. Dezember, also im Verlauf einer einzelnen Woche, sich um den Fuß des Turms eine 1,7 m tiefe Rille, 10 bis 15 m breit, gebildet habe, welche, nachdem sie sich aus dem Sand herausgeschliffen, zu einem einzelnen Priel von derselben Tiefe, an der Ost- oder Weserseite des Turmes vereinigt habe. Dieses Priel hat seinen Lauf nach der Weser genommen und den ganzen Strand von etwa 235 m Breite bis auf Weniges durchbrochen. Am Fuß der Steinböschung sei auf einer kleinen Stelle eine Versackung bemerkbar.«

Diese Hiobspost beunruhigte mich in hohem Grade, da sich daraus notwendig folgern ließ, dass bei fernerer Entwickelung dieses Ausschleifens der ganze Bau des Leuchtturms in wirkliche Gefahr geraten müsste; denn, wenn in der kurzen Zeit von einer einzigen Woche solche verheerende Erscheinungen eintreten konnten, so ist es analog, ja selbst außer Zweifel, dass die Steinböschung um den Turm bald zusammenstürzen und die nur 3 m tiefgehende Spundwand, welche den Sand unter dem Fundament des Turmes zusammenhält oder einschließt, bald miniert werden könnte und folglich die Sicherheit des Turmes durchaus in Frage kommen müsste.

Eine in der letzten Hälfte des Dezember dahin abgesandte Expedition zur Aufnahme des Tatbestandes kehrte unverrichteter Sache wieder zurück, da das stürmische Wetter es platterdings nicht zuließ, daselbst zu landen. Ich musste daher, ohne den Sachverhalt genauer zu kennen, von hieraus handeln, und das so schleunig, wie möglich. Erfahren hatte ich schon früher, dass der durch die Strömung in Bewegung gebrachte Sand sich gerne im Buschwerk festsetzt, und

dasselbe musste mir also das Mittel sein, diese Naturwirkung zu unterstützen.

Ich ließ also ein Schiff mit Busch, Buschpfählen, angefertigten Wiepen und Flechtlatten beladen und mit der erforderlichen Mannschaft, unter guter Aufsicht von hier beim ersten etwas ruhigeren Wetter abgehen und verordnete, da die Ebbeströmung von der Jade nach der Weser über diesen Sand stürzt, die Hinlegung von drei Stück spiralförmigen und zugleich gegen den Strom geneigte Buhnen, welche indes die Höhe des Sandes nicht überragen sollten. Ich ließ auch zugleich den Fuß der Bake mit dem des Turmes verbinden, damit auch da die Durchströmung aufgehalten werde.

Diese Arbeit wurde in einigen wenigen Tagen glücklich ohne Störung des Wetters vollbracht und eine etwa 10 Tage später von mir abgehaltene Inspektion stellte das erfreuliche Resultat heraus, dass die erwähnte 1,7 m tiefe Rille auf etwa 0,5 m Fuß wieder versandet und selbst das nach der Weser eingerissene Priel zum großen Teil nicht mehr zu finden war.

Ursache dieses Vorkommnisses scheint mir die noch nicht abgebrochene alte Bremer Bake gewesen zu sein, welche mit dem Turm nah zusammenstehend, den anlaufenden Wellen erst einen direkten Widerstand leistete und diese dann längs des Fußes der Bake und des Turms hinwiesen. Beide Wirkungen werden vermutlich in dem Augenblick eines Ebbestandes von 30 – 60 cm hoch über dem Sand das schnelle Ausschleifen des Sandes hervorgebracht haben. Wie sehr schnell sich in diesem Treibsandlager Priele bilden, erfuhr ich im letzten Herbst in höchst überraschender Weise, als ich behufs Anlegung eines elektrischen Submarinentelegrafen vom Leuchtturm bis zur oldenburgi-

schen Küste das dazwischen liegende und bis auf ein paar Fuß bis zur Ebbelinie heruntergehende sehr ausgedehnte Watt zu vermessen hatte; denn plötzlich zeigten sich auf demselben tiefe für die Wattschifffahrt fast praktikable Priele, wovon die dabei anwesenden und dort bekannten Lotsen nichts wussten oder ahnten, und im Gegenteil bestimmt behaupteten, dass selbige im Frühjahr desselben Jahres noch nicht vorhanden gewesen wären. Doch jetzt mag genug davon gesagt sein.

Es muss sich nun nächstens herausstellen, was für Wirkungen die von mir angeordneten Vorkehrungen hervorgebracht haben und werde ich darnach mein weiteres Verfahren einrichten; aber ich glaube doch dadurch schon jetzt das Mittel gefunden zu haben, welches zur Sicherstellung des Turms ferner in Anwendung gebracht werden muss. Der Abbruch der Bremer Bake wird jedenfalls die jetzt bestandene Gefahr vermindern.

Der Hergang dieser Sache hat für die Technik ein um so größeres Interesse, da man nicht oft Gelegenheit hat, mit einem so gefährlichen Feind Bekanntschaft zu machen.

IV. Abteilung.

Die störenden Einwirkungen auf den Grundbau, durch die schweren Seegänge und Brandungen bei stürmischem Wetter

Bei Bauten von solcher Beschaffenheit hat man Ursache, mit möglichster Vorsicht zu Werke zu gehen, da nicht allein die immerwährenden Transporte der Materialien und Utensilien, so wie die regelmäßige Anlieferung des erforderlichen Proviants für die Arbeitsleute durch schlechtes Wetter oft in hohem Maße erschwert wird und geradezu unterbleiben muss, sondern die Arbeit selbst und namentlich der Teil derselben, welcher unter dem Bereich der täglichen Flutwellen ausgeführt werden muss, ist lediglich vom Wetter abhängig. Ich habe gefunden, dass solche Bauten sich eben darum auf selbst 50 % nicht veranschlagen lassen.

Da dieser Leuchtturm der erste derartige und besonders schwierige Bau war, der mir in meiner langjährigen Baupraxis vorkam, so muss ich bekennen, dass ich solche, den Bau fortwährend störenden Einwirkungen nicht hoch genug in Anschlag gebracht habe, zumal ich namentlich den Grundbau als eine Sommerarbeit betrachtete, die höchstens bis September währen würde. Allein hier nicht zu nennende Hindernisse veranlassten es, dass der Bau erst im Juni 1855 in Angriff genommen werden konnte und so kamen wir auch später in den Herbst hinein, als es ursprünglich die Absicht war. Es wäre daher besser gewesen – wie ich erst später erkannte –, wenn ich keine öffentliche Ausverdingung dieses Grundwerks meiner Behörde anempfohlen hätte, da die geringe Akkordsumme, für welche dasselbe angenommen wurde, kein Objekt abgeben konnte, um damit so viele Unsicherheiten zu bestehen.

Leider war der stürmische Sommer von 1855 dieser schwierigen Arbeit sehr ungünstig. Vom ersten Beginn der Arbeit an, drei Tage nach erteiltem Zuschlag, befanden sich bereits zwei Ladungen mit Holz zur Aufzimmerung der Wohnungen für die Arbeiter unterwegs, wovon bei plötzlich eingetretenem starkem Sturme schon gleich ein guter Teil forttrieb. Desgleichen kam wiederholt vor.

Auch die Schiffer wollten nicht immer ihre Schiffe auf dem Sand exponieren, wo sie bei Hochwasser, da auch bei dem schönsten Wetter immer eine Dünung vorhanden ist, starke Stöße auszuhalten haben und es kam daher vor, dass es bei nur etwas windigem Wetter oft an Material fehlte, da sich die beladenen Schiffe alsdann an irgendeiner geschützten Stelle unter die, in der Nähe der Bremer Bake befindlichen Sande legten, woselbst, je nach der Richtung des Windes, immer eine solche gefunden werden kann. Da sie also hier, in schlichtem Wasser liegend, und folglich von der Bewegung der Grundwellen nicht zu leiden hatten, so verweilten sie daselbst so lange, bis der Wind umgesprungen und das Wetter ruhiger geworden war. Indem kein eigentlicher Bauplatz vorhanden, weil der Sand nur auf ein paar Stunden bei der Ebbe zu benutzen ist, folglich nur während dieser kurzen Zeit einmal des Tages gearbeitet werden kann, so geriet man bei dem geringsten störenden Vorkommnis, in Anbetracht der weiten

Entfernung – 30 km – von Bremerhaven, sofort in Verlegenheit. Auch kam es einmal vor, dass ein Schiff, mit Baumaterialien beladen, welche auf dem Sand gelöscht werden mussten, zwischen drei aufgestellte Rammgestelle geriet und zwei derselben um warf und zerbrach, wodurch die Arbeit gestört ward, selbstverständlich also eine Menge Leute – welche in der Bake eng eingepfercht – nicht beschäftigt werden konnten, aber doch bezahlt werden mussten.

Dass es unter solchen Umständen äußerst schwer hielt, die erforderliche Disziplin unter den in solcher Weise nichtstuenden Arbeitern zu erhalten, liegt auf der Hand. Die Arbeit erlitt bei solchen Vorkommnissen eine unangenehme Unterbrechung, bis von Bremerhaven wieder Hilfe geschafft war, doch ließ sich nichts dagegen machen.

Verschiedene Male trieben bei stürmischem Wetter Materialien fort, die darin jedes Mal ersetzt werden mussten, und so waren Klagen immer an der Tagesordnung. Dessen ungeachtet waren die sämtlichen Rammarbeiten am Fundament am 1. September geschafft.

Hier wäre es nun an der Zeit gewesen, für dieses Jahr die Arbeit einzustellen und mit dem über den Sand sich erhebenden Mauerwerk nicht weiter in den Herbst vorzugehen. Doch das Wetter ließ sich gut an, und da der Monat September für unsere Gegend als der beste gilt und der Sommer so schlechtes raues Wetter gebracht, so hoffte man zuletzt noch etwas Gutes.

Nach meiner Berechnung konnten wir den Rest des Grundbaues in 4 bis 6 Wochen fertigbekommen, wenn wir auch die Nachtebbetiden – was übrigens schon oft geschehen war – bei Beleuchtung von Pechfackeln zur Arbeit benutzten, was denn auch geschah. Es

hielt schwer in der bereits so weit vorgerückten Jahreszeit, die erforderlichen Steinsetzer für die projektierte Steinböschung zu bekommen, was man schon daraus entnehmen kann, dass die Gesellen mit 2 und der Vorarbeiter mit Taler 5 pro Tag, bei freier Kost, bezahlt werden mussten.

Die Steinböschungsarbeiten und auch die Grundmauer mussten nun gleichmäßig in die Höhe geführt werden und bis reichlich zur Hälfte der für den Unterbau bestimmten Höhe ging das bei kleinen Belästigungen gut. Der Monat Oktober fing aber mit unruhigem Wetter an, so dass namentlich das frische, bei der Ebbe gemachte Mauerwerk von der darauf folgenden Flut viel zu leiden hatte und verschiedene Male zum Teil weggespült wurde.

Ich ließ nun um das Grundwerk, welches etwa 1 m hoch über den Sand aufgezogen war, aufrechtstehende, dicht aneinander gestellte Bunde von Faschinen herumbringen und diese durch zwei Ketten, die stark angezogen und geknebelt waren, festhalten. Das half in der ersten Zeit ganz gut. Die Faschinen hinderten den Durchgang der Flutwelle nicht, indem sich ihre oberen Enden herüberbogen, wodurch auf dem frischen Werk etwas ruhigeres Wasser hervorgebracht wurde, und es hatte also das innere Mauerwerk weit weniger von der Wellenbewegung zu leiden. Das Wetter wurde aber immer unruhiger und stürmischer und die Seegänge so schwer, dass der Busch allein kein genügendes Schutzmittel mehr ergab. Da ließ ich nun außerdem das Werk nach jedesmaliger vollbrachter Arbeit, also jedes Mal, wenn die Flut im Anzug war, mit einem großen starken Segel bedecken. Allein wenn dasselbe auch auf kurze Zeit half, so konnte es doch keine positive Dichtigkeit hervorbringen. Es bewegte sich dann das Segel durch den heftigen Stoß der Wellen und zerriss solchergestalt mehrmals und ruckweise das frische Mauerwerk.

Endlich wurde wiederum das Wetter ruhiger und neue Hoffnung stählte von neuem den Mut. Die Nachttiden wurden mit benutzt und so gelangten wir, nachdem abwechselnd ganze Stücke Mauerwerk weggeschlagen und dann wieder das nächste Mal aufgemauert wurden, auf diese konsequente Weise endlich am 9. Oktober 1855 bis auf etwa 0,9 m über die volle Höhe der Flut oder etwa 2,7 m über den Sand. Aber da erhob sich ein Sturm, der solchergestalt zunahm, dass an keine weitere Arbeit zu denken war.

Das ganze Arbeitspersonal war in der Bake zwar aufgehoben und glaubte vollkommen sicher zu sein, aber der Sturm nahm immer an Heftigkeit zu und war am 10. Oktober förmlich zu einem Orkan herangewachsen. Es trat die Zeit einer wirklichen Lebensgefahr ein, da die Wellen das unten in der Bake lagernde und – wie man glaubte – sicher befestigte Holz losrissen und davon ein Teil durch den Fußboden der Wohnräume stieß. Die Küche mit Herd und aller Einrichtung schlug weg und auch sämtliche Wasserfässer trieben fort.

Ich sandte an diesem Tage das Schleppdampfschiff Simson, Kapitän Schwärt, zur Rettung dahin ab, da ich die Leute an der Bremer Bake in Not wusste. Das Dampfboot hatte alle Kraft seiner starken Maschinen nötig, um dahin zu gelangen, und es wurde dies nicht ohne Havarie vollführt. Am Abend dieses Tages kam dasselbe in die Nähe der Bremer Bake, allein der Sand wurde bei dieser Sturmflut bei Ebbezeit nicht frei. Es rollte eine solche Brandung über den Sand, dass an kein Landen zu denken war, denn es würde jedes Boot sofort zerschellt sein. Der Simson war also genötigt, die Arbeitsstelle zu verlassen, ohne geholfen zu haben, und derselbe hatte selbst Schutz gegen die gewaltigen Seen nötig, weshalb er einen anderen mehr gesicherten Ankerplatz aufsuchte. Die Nacht, welche darauf folgte, war für die Bewohner der Bake eine ganz schreckliche, da ihre Hoffnung, gerettet zu werden, nun von ihnen genommen war. Über die einzelnen Vorkommnisse ist es hier nicht der Ort, zu reden; es genügt wohl, hier zu sagen, dass sie, von Kälte und Nässe erstarrt, die Nacht zusammengekauert, zubrachten. Am andern Morgen, den 11. Oktober, 8 Uhr, sahen sie aber den Simson wieder der Bremer Bake zusteuern und das erfüllte die Herzen mit neuer Hoffnung. Es stürmte noch recht stark und zuerst war es auch nicht möglich, eine Landung auszuführen, aber etwa eine Stunde später legte sich der Wind gerade so lange Zeit, dass die Leute in aller Eile gerettet werden konnten. Einen Augenblick später wäre es, und dann auch überall den ganzen Tag, nicht mehr möglich gewesen.

Was die Arbeit anbetraf, so lag alles bis dahin mit Mühe aufgeführte Mauerwerk wie ein Schutthaufen durcheinander und ich konnte in der ersten Zeit nach dem Sturm auch die Leute nicht dazu bewegen, die Arbeit wieder aufzunehmen, denn außerdem bestandenen Schreck war auch die Jahreszeit zu weit vorgerückt. Erst 6 Wochen später wurde noch eine Beschützung des wenigen stehengebliebenen Werkes ausgeführt, darin bestehend, dass alles Mauerwerk mit Steinen und Schutt ausgefüllt und dann das ganze in seiner Oberfläche mit Beton überdeckt wurde. Dieses Schutzmittel hat sich als vollkommen genügend erwiesen und weder Eisgang noch die täglichen Fluten haben besondere Schäden daran machen können. In diesem Zustand verblieb das Grundwerk den Winter über.

Im April 1856 wurde dasselbe wieder von neuem angefasst und bald beendigt. Darauf wurde für den Hochbau die Bremer Bake von neuem zur Wohnung für das Arbeitspersonal eingerichtet und auch eine geräumige Löschbrücke *(siehe Abb. 22)* mit einem großen Schuppen darauf, hauptsächlich zur Lagerung von Zement und Kalk, gebaut. An drei Seiten dieser Löschbrücke konnten die Schiffe anlegen und immer an einer Seite löschen, je nach der Richtung des Windes.

So ging dann der fernere Turmbau nicht allein ohne irgend nennenswerte Behinderungen durch das Wetter vonstatten, sondern derselbe wurde so energisch betrieben, dass der ganze Oberbau vertraglich schon am 21. August 1856 vollständig ausgeführt war.

Des aufsichtführenden Beamten, A. Volkmann, will ich hier lobend erwähnen, da dessen Eifer für den Bau auf dieser so sehr isolierten Station beharrlich bis ans Ende ausgehalten hat, während ich wegen anderer Dienstverhältnisse nur ab und an, bald auf einige Tage, und je nachdem ich es für nötig hielt, auf einige Wochen daselbst verweilte.

V. Abteilung.

Die Art der Beleuchtung des Turms und ihre Wartung

Die Beleuchtung ist nach dem System Fresnel eingerichtet, welches das letzte, bis noch vor 10 Jahren für ausgezeichnet und für unverbesserlich gehaltene System mit parabolisch geschliffenen und versilberten Hohlspiegeln um ein ganz Bedeutendes überbietet. Der Unterschied ist in der Hauptsache der folgende:

Die parabolischen Hohlspiegel haben die Eigenschaft, dass sie alle Strahlen, welche aus den in ihrer Achse liegenden Brenn- oder Lichtpunkten auf sie fallen, dergestalt reflektieren, dass sie alle mit der Achse parallel wieder ausgeworfen werden. Sie werfen also ein Lichtbündel heraus, welcher außer dem Streulicht, mit der Größe der Öffnung des Spiegels übereinstimmt. Eine Anzahl solcher Spiegel waren in die Peripherie eines Kreises gestellt, damit die zu beleuchtende Horizontfläche davon beherrscht würde. Hier sieht man übrigens gleich, dass diese Hohlspiegel, wenn sie auch noch so nahe beieinanderstehen, dennoch miteinander einen stumpfen Winkel bilden müssen, und dass eben die Divergenz der nach außen fallenden Winkel zwischen den Hohlspiegeln je nach Maßgabe der Entfernungen vom Leuchtturm zunehmen und folglich dunkle Zwischenräume entstehen lassen müssen. Fresnel nahm dagegen einen einzelnen Lichtpunkt im Zentrum der Laterne als Brennpunkt und stellte durch einen Glasapparat, welcher zylinderförmig um den Brennpunkt herumging, dieses Übel gänzlich ab. Den Mittelteil des Glasapparats, der Höhe nach, richtete er nämlich linsenförmig dioptrisch (Strahlen brechend) und seine oberen und unteren Teile katadioptrisch (Strahlen brechend und wiedergebend) ein. Diese oberen und unteren Teile des Apparats bestehen aus prismatisch geschliffenen kreisförmigen Glasringen, deren Seiten oder Steigungen so berechnet sind, dass die aus dem Brennpunkte dahin kommenden Lichtstrahlen von der ersten Fläche gebrochen und dann von der zweiten so reflektiert werden, dass sie horizontal und parallel mit der Achse ausströmen, indem jeder Lichtstrahl, welcher aus einem Prismenglas nach dem Gesetz der Brechung unter einem Winkel, welcher kleiner als 90° ist, in die Luft austritt, nicht gebrochen, sondern reflektiert wird. Das ganze zu beleuchtende Feld des Horizonts wird auf diese Weise, ohne durch irgendeine Verdunkelung unterbrochen zu sein, erleuchtet.

Die Fresnelschen Apparate sind in bestimmte Ordnungen genau eingeteilt und unterscheiden sich hauptsächlich durch die Größe der Entfernungen des Glasapparats vom Brennpunkte, wie durch die Anzahl der um einander konzentrisch angebrachten Dochte der Lampe.

Die Glasapparate sind wie folgt eingeteilt:

	Durchmesser	Ölverbrauch pro Stunde
1. Ordnung	1,84 m	750 g
2. Ordnung	1,40 m	500 g
3. Ordnung	1,00 m	180 g
4. Ordnung	0,50 m	150 g
5. Ordnung	0,37 m	90 g
6. Ordnung	0,30 m	90 g

Die Lichter der 1. Ordnung sind mit vier umeinanderstehenden konzentrischen Dochten versehen, etwa mit 1 cm Spielraum zwischen jedem derselben, die der 2. Ordnung haben drei, die der 3. und 4. Ordnung zwei und die der 5. und 6. Ordnung nur einen Docht.

Den Ölverbrauch haben Sautter & Comp in Paris, welche die ersten Fabrikanten des ›Phares lenticulaires‹ sind, wie in der Tabelle angegeben und damit stimmt auch die Aufgabe des Zivilingenieurs Veit Meyer in Berlin, welcher die Lieferung und Aufstellung unseres Lichts übernommen und dieselben mit größter Genauigkeit ausgeführt hat, überein.

Die Praxis hat indessen bei uns bereits ergeben, dass der Verbrauch des Öls für unser Licht, welches eins 2. Ordnung ist, nur etwas mehr als die Hälfte des oben angegebenen Quantums beträgt und solches auch mit der Aufgabe eines anderen, ebenfalls berühmten Fabrikanten in Paris, H. le Paúte, vollkommen passt, welcher den Ölverbrauch pro Stunde für die 2. Ordnung mit 0,280 kg angibt.

Die verschiedenen Ordnungen stellen keine Verschiedenheit in der Konstruktion heraus, aber sie geben, wie bereits erwähnt, nach ihrer Ordnung bloß die Intensität ihres Lichtes und damit die Weite ihrer Sichtbarkeit an.

Die Anwendung der verschiedenen Ordnungen ist gewöhnlich folgende:

a. Die 1. Ordnung wird an den Seeküsten, also da, wo nach einer lang zurückgelegten Seereise der Eingang einer Fluss- oder Hafenmündung bezeichnet werden soll, an ihrer Stelle sein.

b. Ein Licht 2. Ordnung stellt man in die Flussmündungen selbst und ist namentlich da, wo viele Sandbänke das Fahrwasser unsichtbar machen, an seiner Stelle.

c. Ein Licht 3. Ordnung gehört an dieselbe Stelle und genügt da, wo ein gerades Fahrwasser vorhanden oder doch keine Sandbänke vermieden zu werden brauchen.

d. Ein Licht 4. Ordnung passt zur Bezeichnung eines Hafenplatzes, wenn die Schiffe die gefährliche Mündung eines Flusses und gefährliche Sandbänke bereits passiert sind.

e. Lichter 5. und 6. Ordnung dienen zur Bezeichnung von Hafenmolen und genügen als solche vollkommen.

Dass dann mit dieser selben Konstruktion auch Drehfeuer nach Belieben hergerichtet werden können, muss jeder Techniker verstehen.

Die Lampe hat unter sich einen Druckkolben, welcher der Flamme das erforderliche Öl zuführt, und zwar dergestalt, dass derselbe durch ein, auf ihm ruhendes schweres Gewicht in einem kupfernen mit Öl gefüllten Behälter heruntergedrückt und das so weggepresste Öl vermittelst eines engen aufsteigenden Röhrchens, welches auch noch obendrein durch ein Ventil das Aufsteigen des Öls regulieren kann, nach den Dochtgängen des Brenners geführt wird. Die weitere Beschreibung der Lampe und des Fresnelschen Apparats überall kommt später auf die möglichst genaueste Weise in der hier beigefügten Instruktion für die Wächter vor.

Das Licht steht 31 m über ordinärer Flut und ist auf 16 bis 18 Seemeilen bei heller Luft recht gut sichtbar; es hat also die ganze zu beleuchtende Fläche der Wesermündung mit ihren Sandbänken von der Nordsee an in seinem Bereich. Das dadurch erhellte Planum schließt westlich die Insel Wangerooge ganz in sich ein und südlich die ganze Weserbreite vom Leuchtturm nach Bremerhaven und wieder rückwärts von Blexen nach Fedderwarden. Die Küste der Mellum, so auch die ganze Jade liegt in der von unserem Lichte nicht beleuchteten Fläche und misst 120° des Horizonts. Es ist dieser Raum im Apparat mit parabolisch geschliffenen Hohlspiegeln oder Reflektoren von versilbertem Kupfer ausgefüllt, welche der Intensität des Lichts von großem Vorteil sind.

Dann ist unten im Turm, und zwar im Küchenraum in einer abgeschlossenen Abteilung *(siehe Abb. 21, Fig. V)* noch ein kleines katadioptrisches Licht 5. Klasse angebracht, circa 11 m über ordinärer Fluthöhe. Dieses Licht ist bestimmt, den aus der See kommenden dem Turm zusteuernden Schiffen nicht allein zur Warnung zu dienen, um den sogenannten schwarzen Tonnenwall oder die Mellum zu meiden, sondern auch zugleich ihnen die Stelle anzugeben, an welcher sie die auf den Leuchtturm genommene Richtung zu verlassen haben, um zur rechten Zeit ins Dwarsgat einzusteuern. Es kann dieses mit aller Sicherheit geschehen. Die Schiffe können sich dadurch frei bewegen und werden nur da, wo es nötig ist, durch einen roten Schein von eben diesem kleinen Licht gewarnt, wenn sie etwas zu südlich geraten sind und also wieder ins weiße Licht zurückgehen müssen.

Bis hierher also, bis zu Ende des Dwarsgat oder etwa bis zur Jungfernbake *(siehe die Karte Abb. 17)* finden die größten Schiffe von der Nordsee her eine beständige Beleuchtung in der Nacht vor. Damit hat aber der Schiffsbetrieb ein Ende und es muss der Tag abgewartet werden, bevor wieder weiter gesegelt werden kann.

Für den Verkehr der Dampfschiffe, welcher in ganz enormer Weise zunimmt und allem Anschein nach noch mehr zunehmen wird, würde die Weser eine Bedeutung bekommen, wenn namentlich die aus See einkommenden Dampfschiffe ihre Fahrten auch des Nachts, wie in der Elbe, ungestört bis Bremerhaven und Geestemünde fortsetzen könnten.

Die Jungfernbake steht auf hannoverschem Boden und es käme also zunächst Hannover zu, daselbst zur weiteren Hebung der Schifffahrt und Vervollkommnung der Fahrstraße in der Weser ihr oft an den Tag gelegtes Interesse für dieselbe zu betätigen durch die Erbauung eines kleinen Leuchtturmes daselbst, wozu ein Fresnelsches Licht 4. Ordnung vollkommen genügen dürfte. Alsdann erst wäre das fehlende Glied in der Kette der Beleuchtung der Unterweser ausgefüllt und es wäre den Schiffen dann nichts mehr im Wege, auch in der Nacht Bremerhaven und Geestemünde zu erreichen, wenn das Licht zu Wangerooge, welches der Nordsee Front bietet und den Schiffen weiter ihren Weg nach den Weser- und Elbe-Mündungen anzuweisen bestimmt ist, verstärkt und statt des jetzigen Lichtes 4. Ordnung mit einem 1. Ordnung vertauscht würde.

Die Ems und Jade sind ebenfalls bei dem Licht zu Wangerooge beteiligt und würden selbstverständlich davon keinen geringen Nutzen haben, wenn dasselbe möglichst verbessert würde. Preußische Seeoffiziere hegen auch diese Ansicht.

Ich bin überzeugt, dass die zu gleicher Zeit auf dem Wangerooger wie auf dem Bremer Leuchtturm im letzten Winter angestellten Beobachtungen über die Sichtbarkeit der beiden Lichter herausstellen werden, dass das Wangerooger Licht, welches vermöge seiner Einrichtung als Wechsellicht außer den aus ihm alle zwei Minuten allerdings brillant ausströmenden, aber leider nur wenige Sekunden dauernden Blitzen fast völlig dunkel ist, doch nicht genügen kann.

Obwohl nun die oldenburgische Regierung in der Beleuchtung von Wangerooge mehr, als eben von Rechts wegen zugemutet werden kann, geleistet hat, so darf bei der stark zunehmenden Schifffahrt der Weser, woran die Oldenburgische Reederei einen großen Anteil hat, dennoch nicht übersehen werden, dass gerade an unserer Nordseeküste in der Winterzeit stete, für das Licht störende Affekte mitunter auf mehrere Tage hintereinander Vorkommen, als da sind: Nebel, Schnee und Regen, und es haben die den letzten Winter über auf unserm Leuchtturm gehaltenen meteorologischen Beobachtungen ergeben, dass solches beinahe ¾ der Zeit der Fall gewesen ist.

Dass ein solches Licht, wie das zu Wangerooge, mit einem Blinken alle zwei Minuten bei heller Luft weit gesehen werden kann, ist zwar angenehm, aber nicht eben sehr notwendig. Vielmehr wäre in den dunklen, langen Winternächten ein recht starkes, weißes Licht 1. Ordnung von großem Nutzen, wenn man die, mit Sandbänken nach allen Richtungen hin angefüllten Flussmündungen der Elbe und Weser dabei in Betracht nimmt.

Die Verschiedenheit in der Sichtbarkeit eines solchen Lichtes ist gar zu groß, als dass gerade die vorteilhafteste Erscheinung als Maßstab dienen darf, denn ich habe z.B. das Wangerooger Licht im Oktober v.J. zu Fedderwarden auf eine Entfernung von 20 Seemeilen deutlich gesehen, während ein früheres Mal auf einer Abendfahrt mit einer Kommission von Schiffskapitänen nach dem ersten Leuchtschiff in eben demselben Monat dasselbe Licht auf eine Entfernung von nur 7 Seemeilen nicht zu sehen war. Von einem Nebel – da wo wir uns befanden – war nicht die Rede.

Ich habe mit Baurat Lasius in Oldenburg, dessen regen Eifer für diese Sache ich anerkennend hier erwähnen muss, während des ganzen verflossenen Winters, über die Sichtbarkeit der neuen Lichter auf Wangerooge und dem Bremer Leuchtturm korrespondiert. Die gehaltenen Wahrnehmungen von den beiden Beobachtungspunkten ans, welche ca. 15 Seemeilen voneinander entfernt sind, haben wir miteinander verglichen und abgesehen von kleinen Abweichungen gefunden:

1. Das bei ganz reiner Luft und namentlich bei gegenseitigem, reinem Horizont die beiden Lichter sichtbar waren.
2. Das bei dunkler und namentlich nebeliger Luft die Lichter gegenseitig völlig unsichtbar waren.
3. Das bei sonst heller Luft an der Stelle des Beobachtungspunktes, aber zugleich bei einer Nebelbank an dem zu beobachtenden Punkt keine Sichtbarkeit möglich war, dass aber umgekehrt:
4. bei etwas Nebel an dem Beobachtungspunkt und zugleich bei heller Luft an dem zu beobachtenden Punkt eine, wenn nicht eben brillante, dennoch genügende Sichtbarkeit vorhanden war.

Aus diesen Beobachtungen geht daher die Wichtigkeit einer Verstärkung des Wangerooger Lichts als des äußersten an der See stehenden Lichtes hervor, da die an unserer Nordseeküste so häufig vorkommenden bereits oft erwähnten

Lufterscheinungen störend und schwä-
chend auf die Sichtbarkeit der Lichter
im höchsten Grade wirken.

Die den Wächtern vorgeschriebene
Instruktion, aus welcher auch die Konstruktion des Lichts auf das Genaueste
hervorgeht, ist die folgende:

Instruktion für die Wächter am neuen Leuchtturm.

Diese Instruktion zerfällt in vier Ab-
schnitte, als:
1. Beschreibung des Apparats.
2. Behandlung und Unterhaltung
   ihrer einzelnen Teile.
3. Nacht- und Tagesdienst.
4. Allgemeine Bestimmungen.

1. Beschreibung des Apparats.

§1 Die zur Erleuchtung des Turmes
angewendeten linsenförmigen Apparate werden in sechs Ordnungen geteilt,
nach ihrer Größe und dem Kaliber ihrer
Lampen.

§2 Der optische Teil des Apparats
2. Ordnung, wovon in dieser Instruktion nur die Rede ist, besteht aus vier
Linsenschirmen von Glas, acht Schirmen
mit dreiseitigen prismatischen Ringen,
welche letztere sich ober- und unterhalb der Linsenschirme befinden, und
zwei mit Silber plattierten Reflektoren,
welche letzteren $\frac{1}{3}$ des Horizonts oder
120° als verdunkelten Teil einnehmen,
während die Glasteile das Licht der
Lampen auf $\frac{2}{3}$ oder 240° hinauswerfen.
Diese einzelnen Stücke sind durch das
Gestell vereinigt.

§3 Der Apparat wird von einer mecha-
nischen Lampe mit drei konzentrischen
Dochten erleuchtet, deren Flammen
sich im gemeinsamen Brennpunkt der
Gläser und Reflektoren befinden. Diese
Lampen haben Druckkolben, welche
der Flamme das nötige Öl zuführen,
während über dem Glaszylinder der
Lampe ein mit einer Klappe versehenes
Blechrohr, Regulator genannt, ange-
bracht ist. Der Regulator mündet in ein
Abzugsrohr, durch das der Dunst und
Qualm der Lampe bis über die Glasringe
hinausgeleitet wird.

§4 Alle Stücke des optischen Teils sind
mit dem Gestell fest durch Schrauben
und Bolzen verbunden und können
nur durch außergewöhnliche Zufälle
verrückt werden. Die genaue richtige
Stellung der Linsenschirme ist danach
zu beurteilen, dass ihre innere Fläche
fast lotrecht stellt, eher ein wenig nach
außen als nach innen überhängt und
der innere Durchmesser 1,4 m beträgt.

§5 Die Lampe wird von einem auf den
Diensttisch befestigten Dreifuß getragen, auf dem sie, um die richtige Stellung zu erhalten und außerdem durch
drei Schrauben mit Gegenmuttern
gehoben und gesenkt werden kann.
Ehe die Lampe eingestellt wird, muss ihr
Gang in allen ihren Teilen vorher einige
Stunden beobachtet werden.

Damit die Lampe richtig steht, ist
nötig:
a. dass der Mittelpunkt ihres Brenners
   genau lotrecht unter dem Brennpunkt des Apparats sich befindet;
b. dass die Krone des Brenners um 26 cm
   tiefer liege als dieser Brennpunkt;
c. dass die Krone des Brenners genau
   im Niveau steht.

§6 Die Lampe besteht aus folgenden
Hauptteilen: a. dem Ölbehälter, b. dem
mechanischen Teil mit Regulierungs-
hahn, c. dem Brenner.
a. Der Ölbehälter ist ein Zylinder aus
   von innen verzinntem starkem Kup-
   ferblech, an dem die Füße der Lampe
   angeschraubt sind.

b. In diesem Ölbehälter befindet sich ein mit Gewichten belasteter Kolben, der mit einer Ledermanschette versehen ist. Wird derselbe in die Höhe bewegt, so lässt die Manschette das über dem Kolben befindliche Öl unter denselben treten, wird aber hierauf der Kolben nach unten gedrückt, so legt sich die Manschette gegen die Gefäßwandungen und der Druck treibt das Öl durch die Steigrohre, welche außerdem an dem Ölgefäß sitzt, zum Brenner hinauf. Die Steigröhre selbst mündet in ein sechsseitiges Stück, auf welches der Brenner aufgeschraubt ist, während dieses Stück selbst von einem Dreifuß getragen wird, welches in seiner oberen Verlängerung dem Brenner eine zweite Befestigung darbietet, während er selbst auf dem oberen Ring des Ölbehälters aufgeschraubt ist. Dieser letztere Ring trägt zugleich die Lager und die Welle mit dem Kettenrad, durch welche vermittelst einer am Kolben befestigten Gliederkette der Kolben aufgezogen wird; er ist durch drei Schraubenmuttern am Ölbehälter befestigt und es kann, nach Lösung dieser Schrauben, der ganze Ring mit Welle, Dreifuß und Brenner wie ein Stück abgenommen werden. Nach Entfernung dieser Teile kann man frei zum Kolben gelangen. Um das Aufziehen mittelst der Kurbel zu erleichtern, ist an der Seite des Ölbehälters ein Vorgelege angebracht. Ferner befindet sich in dem untersten am Ölgefäß angeschraubten Teil der Steigrohre ein Ventil, das den Zweck hat, beim Entleeren des Ölbehälters das Öl in der Steigröhre und im Brenner zurückzuhalten. Um die Quantität des zur Flamme hinaufgeschafften Öls zu regulieren, ist ein Hahn in dem sechsseitigen Stück, in welches die Steigröhre einmündet, angebracht,

c. Der Brenner trägt drei konzentrische Dochte, von denen sich jeder in einem abgesonderten Ölgang bewegt. Die Dochte sind durch übergeschobene Ringe auf besonderen Dochtträgern befestigt, welche durch ein in ihre Zahnstange eingreifendes Trieb einzeln gehoben und gesenkt werden können. Diese Zahnstangen und Triebe liegen in den Röhren, durch welche das Öl aus dem unteren Teil des Brenners in die Dochtpumpe steigt. Durch eine Verschraubung mit Lederpackung ist der Brenner mit dem Lampenträger verbunden. Zum Brenner gehört ferner der Zylinderträger, ein Mantel, der sich an dem übrigen Teile des Brenners durch eine Drehung heben oder senken lässt und dadurch gleich den Zylinder hebt und senkt.

§ 7 Der Regulator, welcher sich über dem Glaszylinder befindet, ist ein Rohr von Schwarzblech und hat in seiner Mitte eine Klappe, durch deren Öffnen und Schließen der Luftzug der Flamme geregelt wird.

§ 8 Die Flamme soll in voller Tätigkeit 500 g per Stunde verbrennen.

§ 9 Damit die Flamme ihre volle Entwickelung erreiche und in der Krone des Brenners stets Öl erhalten werde, ist es nötig, dass viermal so viel Öl, als die Flamme eigentlich verbraucht, zu ihr hinaufgehoben werde: nämlich 2000 g per Stunde. Das nicht verbrannte Öl fließt über und wieder in den Behälter zurück.

2. Behandlung des Apparats.

§ 10 Die Lampe wird zum Dienst auf folgende Weise vorgerichtet:

Zuerst versieht man den Brenner mit seinen Dochten, indem man dieselben auf ihren Trägern durch den übergeschobenen Ring befestigt, ohne sie dabei zu verziehen; Alles, was vom Docht vor diesen Ringen vorsteht, muss sorgfältig abgeschnitten werden, damit er den Ölgang nicht versperrt. Nachdem die Dochte, so viel als möglich hinuntergeschraubt sind, werden sie mit der gebogenen Schere mit der Krone des Brenners gleich geschnitten. Dies muss mit großer Vorsicht geschehen, denn jede Unebenheit, herausgerissene Fädchen verursachen Spitzen an der Flamme und rauchen.

§ 11 Ist die Lampe bezogen und in allen Teilen in Ordnung, an ihren Platz im Apparat gestellt, so wird sie genau eingerichtet; die zu ihrer richtigen Stellung nötigen drei Bedingungen (siehe § 5) werden in folgender Ordnung ausgeführt:

a. Man bestimmt zuerst den Brennpunkt des Apparats durch die am Gestell angebrachten Kreuzfäden.

b. Man setzt auf den Brenner die zu diesem Zwecke vorhandene Regel.

c. Man hebt mit Hilfe der Gegenmuttern die Lampe so lange, bis die Oberfläche der Regel das Fadenkreuz berührt, und stellt durch eben diese Gegenmuttern nach der Dosenlibelle die Krone des Brenners genau ins Niveau.

d. Hierauf rückt man die Lampe so, dass der deutlich markierte Mittelpunkt der Regel unter dem Kreuzpunkt der Fäden liegt und revidiert

e. noch einmal mit der Libelle, ob auch die Krone des Brenners horizontal geblieben ist, und berichtet den etwaigen Fehler.

§ 12 Steht die Lampe genau richtig, so muss vor dem Anzünden der Gang der Lampe noch einmal revidiert werden, ob sie auch die richtige Ölmenge hebt; dasselbe muss während der Nacht mindestens noch einmal geschehen.

Diese Probe geschieht, indem man das von dem Brenner abfließende Öl in das mit 250 g markierte Gefäß auffängt; dieses Gefäß soll sich, wenn die Lampe nicht brennt, in 7½ Minuten, und wenn dieselbe brennt, in 10 Minuten füllen.

§ 13 Das Anzünden der konzentrischen Dochte geschieht von innen nach außen mit den dazu vorhandenen Zündlämpchen, und zünde man jeden Docht auf mehreren Stellen, und zwar immer über Kreuz an. Nach dem Anzünden werden die Dochte so rasch wie möglich gesenkt und der mit dem Regulator versehene Zylinder aufgesetzt.

Die erste Zeit nach dem Anzünden soll die Biegung des Zylinders so hoch als möglich stehen und die Klappe zur Hälfte geschlossen sein.

Je nach der Entwickelung der Flamme senkt man den Zylinder und öffnet oder schließt die Klappe. Die Dochte dürfen nicht zu rasch in die Höhe geschraubt werden, und muss während der ersten Stunde die Flamme noch fortwährend im Zunehmen sein. Während der ganzen Nacht hat je nach dem Maß, als die Flamme zunimmt oder äußere Bedingungen es verlangen, der Wächter den Zylinder zu heben oder zu senken, und die Klappe zu schließen oder zu öffnen. Durch die beiden ersten Manipulationen wird die Flamme größer aber rötlicher, durch die beiden letzteren kleiner aber heller.

§ 14 Die Lampe, die den Dienst hat, soll alle 3 – 4 Monate durch eine der Reservelampen ersetzt werden, und muss die neue Lampe vor ihrem Einstellen geprobt werden. Die aus dem Dienst kommende Lampe wird in allen Teilen sauber gereinigt.

§ 15 Bei dem Wiederzusammensetzen der gereinigten Lampe ist, außer der richtigen Stellung aller Teile, besonders auf die Lederverpackungen zu achten und die schadhaften auszuwechseln. Sie bestehen in Scheiben von weichem geöltem Kalbsleder, welche zwischen die zu verschraubenden Teile gelegt werden.

§ 16 Von den sechs Brennern, die vorhanden sind, befindet sich einer auf der Lampe im Dienst, ein zweiter mit Dochten bezogen als Reserve im Diensttisch; die übrigen vier gut gereinigt, vollständig trocken, mit herausgenommenen Dochtträgern werden im Diensttisch aufbewahrt und kommen nur in Dienst, wenn einer der beiden übrigen ausgebessert werden muss. Das Reinigen des Brenners geschieht, indem man in kochendem Wasser oder reiner Lauge das anklebende Öl aufweicht, mit einem Holzspachtel abkratzt und mit Terpentinöl nachputzt; zuletzt wird er sehr sauber abgetrocknet.

§ 17 Eingeräucherte oder mit Öl beschmutzte Zylinder werden mit fein gesiebter, etwas angefeuchteter Asche oder durch Auskochen in Lauge gereinigt.

§ 18 Alle Reservestücke sollen wöchentlich nachgesehen und das Nötige daran vorgenommen werden.

§ 19 Das Filter, auf welches das Öl gegossen wird, um es von allen Unreinigkeiten zu befreien, ehe es in die Lampe kommt, besteht aus einem Unter- und Aufsatz, letzteres hat einen durchlöcherten Boden, über dem sich ein mit Tuch bespannter Rahmen befindet. Ist das Öl sehr schlecht, so wird auf das Tuch eine Schicht gut mit heißem Wasser ausgewaschenen Sandes von ca. 2 – 5 cm Stärke aufgetragen. Alle Monate muss das Tuch mit heißem Wasser ausgewaschen, resp. der Sand erneuert werden. Ist kein Sand angewandt, so reinige man das Tuch in der Zwischenzeit öfter durch Abkratzen. Ein gutes Stück Wollenzeug kann Jahr und Tag halten.

§ 20 Nur filtriertes Öl darf auf die Lampen gegossen, auf Vorrat aber nie filtriert werden.

§ 21 Die Glasteile des Apparats werden alle Tage sauber gereinigt, und zwar zuerst abgestäubt und sodann mit einem reinen Leinentuch abgewischt. Ölflecke werden mit etwas Weingeist abgewaschen.

§ 22 Alle zwei Monate werden die Gläser auf ihrer ganzen Oberfläche mit Weingeist sauber abgewaschen und nach dem Abtrocknen mit reinem, trockenem, staubfreiem Wildleder nachpoliert; letzteres kann dabei, wenn es nötig ist, mit etwas Englisch Rot[1] überpudert werden.

§ 23 Alle Jahre einmal wenigstens werden die Gläser poliert, und zwar auf folgende Weise: Man rührt eine kleine Quantität Englisch Rot mit reinem Wasser ein, verdünnt dies und lässt es einige Augenblicke sich absetzen; hierauf gießt man die obere Flüssigkeit in ein reines Gefäß und lässt wieder die schwereren Teile sich lagern. Je nach der Güte des Englisch Rots wiederholt man dies zwei- bis dreimal. Dieses flüssige Rot wird mit einem Pinsel als sehr dünner Anstrich über die ganze Oberfläche der Gläser ausgebreitet; ist es gut getrocknet, so wird es mit Wildleder abgerieben. Diese ganze Operation ist sehr vorsichtig auszuführen, um die Gläser nicht zu schrammen, und ist das Englisch Rot vor jedem Staub geschützt, aufzubewahren.

§ 24 Die Reflektoren werden alle Tage abgestäubt und mit einem weichen reinen Leinen und mit einem nur zu

---

1) Eisenoxid

diesem Zwecke bestimmten Wildleder, zuweilen etwas mit Englisch Rot übertäubt, abgerieben. Öl- und Rostflecke sind mit etwas Weingeist zu entfernen und dann nachzupolieren.

§ 25 Die Scheiben der Laterne werden täglich mit den gröberen Wischtüchern abgewischt und zum öfteren mit Schlämmkreide geputzt. Das Reinigen von außen soll so oft als möglich geschehen. Alle 4 – 5 Monate wenigstens sind die Scheiben von innen und außen mit Englisch Rot zu polieren.

§ 26 Die Kittung der Spiegelscheiben ist sorgfältig zu unterhalten. Der Kitt besteht aus 2 bis 3 Teilen reiner gepulverter Steinkreide (nicht Schlämmkreide) und 1 Teil Bleiweiß, beides gut gemengt, mit gekochtem Leinöl angemacht und gehörig geschlagen. Der Kitt für die Eisen- und Kupferteile der Laterne besteht aus roter Mennige und Bleiweiß mit Firnis angemacht. Beide Kitte müssen dick angesetzt werden, da sie beim Schlagen sich erweichen.

§ 27 Beim Einsetzen neuer Scheiben ist auf allen Seiten zwischen Scheiben und Eisen oder Messing weiches Lindenholz in den Kitt zu legen, damit die Scheiben niemals gegen Metall anstoßen können. Der Raum um die Scheibe herum ist gut mit Kitt auszufüllen und beim Wiedervorschrauben der Messinghalteleisten nicht zu vergessen, unter die Köpfe der Schrauben kleine Bleiplatten zu legen.

§ 28 Für den Fall, dass während der Nacht eine Scheibe der Laterne zerbrochen wird, so ist dieselbe, wenn irgend möglich, sogleich durch eine Reservescheibe zu ersetzen. Geht dies nicht an, so ist die Öffnung wenigstens von den Glastrümmern zu befreien und durch eine der vorhandenen Notscheiben zu schließen. Sind keine Reservescheiben vorhanden, so ist auf der Landseite eine Scheibe herauszunehmen und die Öffnung dort vorläufig mit einer der zu diesem Zweck vorhandenen Blechtafeln zu schließen.

3. Nacht- und Tagesdienst.

§ 29 Das Anzünden der Lampe soll eine halbe Stunde vor Sonnenuntergang geschehen und sollen dabei die wachthabenden Wärter zugegen sein. Alle zum Nachtdienst nötigen Gegenstände sowie Reservestücke sollen dienstfähig in der Nähe des Apparats sich befinden, und soll während der Nacht auch außer der Lampe des Apparats fortwährend eine Lampe in der Dienststube brennen. Bei einbrechender Nacht werden die Vorhänge vom Apparat abgenommen und die Rollos der Laterne aufgezogen.

§ 30 Muss während der Nacht die Lampe geputzt werden, so muss der wachhabende Wächter durch die Glocke dem anderen das Zeichen zum Heraufkommen geben. Die Wächter bringen hierzu alle nötigen Gerätschaften, besonders Schere, Dienstlaterne und einige Reservezylinder herauf, löschen dann rasch die Lampe, wickeln den Zylinder in das Zylindertuch ein, nehmen ihn ab, drehen den Hahn der Lampe zu und putzen rasch; hierauf wird der Hahn wieder aufgedreht, angezündet und der noch warme Zylinder wieder aufgesetzt. Sollte der Zylinder gesprungen sein, so ist er durch einen der Reservezylinder zu ersetzen und in diesem Falle beim Heraufschrauben der Flamme um so vorsichtiger zu verfahren.

§ 31 Sollte durch einen unglücklichen Zufall die ganze Lampe ausgewechselt werden müssen, so müssen alle Wächter heraufkommen, und ist, ehe die Lampe entfernt wird, die folgende mit bezogenem Brenner versehen, sowie ein Eimer mit filtriertem Öl auf die Dienstgalerie zu schaffen, damit das Auswechseln rasch vor sich gehen kann.

§ 32 Soll während des Brennens der Lampe der Kolben aufgezogen werden, so darf dies nicht hintereinander fort, sondern nur ruckweise geschehen, um nicht das Öl von der Flamme fortzusaugen. Zwischen jedem Ruck ist etwas zu pausieren und nötigenfalls mit dem Drehen der Kurbel im Einklang der Hahn zu schließen und zu öffnen.

§ 33 Die Scheiben der Laterne müssen während der Nacht nach Bedürfnis mit Schwamm oder Wischtuch abgewischt und das in den Sprossen sich sammelnde Wasser herausgeschafft werden. Dem Schwitzen der Scheiben ist durch richtiges Öffnen der Ventilationsklappen so viel als möglich vorzubeugen.

§ 34 Wenn durch strenge Kälte das Öl gefriert oder zu kalt wird, so wärme man eine Stunde vor Sonnenuntergang das zum Dienst bestimmte Öl hinreichend und gieße es so auf die Lampe. Ist die Kälte so arg, dass dies nicht ausreicht, so muss auch der Brenner während des Tages abgenommen und in einem warmen Raum aufbewahrt werden, vor allem ist aber das Ventil in der Steigröhre zu entfernen, damit beim Entleeren des Ölbehälters auch Steigröhre und Brenner ablaufen.

§ 35 Bei Tagesanbruch wird die Lampe gelöscht, indem man mit dem äußersten Docht anfängt und in Zwischenpausen nach innen fortschreitet, damit nicht durch zu raschen Temperaturwechsel der Zylinder springt. In diesen Zwischenpausen werden die Rollos der Laterne heruntergelassen und die Vorhänge um den Apparat gehängt.

§ 36 Hierauf wird der Zylinder abgenommen, gut gereinigt und in ein Fach des Diensttisches gelegt; sodann wird das Öl aus dem Reservoir abgelassen, um es auf das Filter zu gießen, die Dochte geputzt und sodann die Lampe sauber gereinigt.

§ 37 Ist der Dienst in Bezug auf die Lampe vollendet, so ist diese mit ihrem Deckel zu schließen und sodann ist Laterne, Apparat und Laternenstube sauber zu reinigen. Das Putzen der Glasteile und Reflektoren geschieht zuletzt.

4. Allgemeine Bestimmungen.

§ 38 Die Zeit der Ablösung zum Nachtdienst soll dem am Turm befindlichen ersten Wächter, welcher auch in gleichem Maße tätig sein muss, je nach der Jahreszeit zu bestimmen überlassen bleiben. Für den Dienst im Winter können die Wächter bei strenger Kälte während der Nachtwache die von Seiten des Staats gelieferten zwei Schafspelze und dito Stiefel tragen. Diese Bekleidung ist deshalb erforderlich, indem es streng untersagt ist, die Tür von der Dienst- nach der Laternenstube zu öffnen, da der eintretende Dunst ein Beschlagen der Glasteile zur Folge haben würde, welchem nur durch starke Ventilation abgeholfen werden könnte, wodurch aber wieder die Lampengläser der Gefahr des Zerspringens ausgesetzt sein würden.

§ 39 Der Wächter darf nie den Apparat während seiner Wache verlassen und hat für etwaige Hilfe die anderen Wächter durch eine Glocke zu rufen.

§ 40 Bei jeder Ablösung während der Nacht ist nach dem kleinen Licht zu sehen, für welches übrigens dieselben Bestimmungen hinsichtlich seiner Instandhaltung gelten wie für das große Licht.

§ 41 Tagtäglich ist Morgens 6 Uhr, Mittags 12 Uhr, Abends 6 Uhr, und 12 Uhr Mitternacht der Stand des Barometers und Thermometers, das Wetter nebst der Richtung und Stärke des Windes zu beobachten und zu notieren. Außerdem muss aber auch jeden Abend ausgesehen werden nach den Lichtern von Wangerooge, Neuwerk, Außenleuchtschiff und Bremerhaven, und deren Sichtbarkeit mit Bemerkung über Stellung des Mondes ebenfalls notiert werden.

§ 42 Über alle Vorkommnisse, sowohl an der Laterne, dem Apparat, an der Dienstlampe mit ihren Unterabteilungen, dem unteren kleinen einschneidenden Licht als am Turmgebäude selbst ist gehörig Journal zu führen.

§ 43 Es soll ein Journalbuch eigens zur Notierung des Öl-Verbrauchs mit darin aufgestellten Kolumnen für den Dienst im Turm eingeführt werden, in welchem namentlich die genaue Zeit des jedesmaligen Ansteckens und Auslöschens der Lichter angeführt wird, um danach beurteilen zu können, dass kein Öl verschwendet ist. Alle Monate muss der Ölvorrat im Ölbuch notiert werden.

§ 44 Außer dem Beleuchtungsdienst ist auf das tägliche Rein halten des Turmes genau zu achten, welches sich auch auf die Instandhaltung der Utensilien ausdehnt und wird dafür der erste Wächter verantwortlich gemacht.

§ 45 Über alle im Turm sich befindenden Utensilien wird dem ersten Wächter ein Inventarium übergeben. Bei der jedesmaligen Ablösung sind die darin aufgeführten Gegenstände von dem antretenden ersten Wächter zu revidieren und der Befund im Journal deutlich zu vermerken.

§ 46 Es ist unter sofortiger Entlassung verboten, Spirituosen im Turm zu halten.

§ 47 Während dem ersten Wächter seine Untergebenen unbedingten Gehorsam schuldig sind und derselbe jede vorkommende Widersetzlichkeit im Journal zu bemerken hat, so steht den Untergebenen im anderen Falle auch das Recht zu, ihre etwaigen Beschwerden gegen den ersten Wächter in demselben niederzuschreiben.

§ 48 Bei jeder technischen Inspektion, welche für die Unterhaltung der Baulichkeit des Turmes erforderlich ist, hat der anwesende erste Wächter alle mechanischen Teile aufs Beste vorzuzeigen und wird derselbe für jeden mangelhaften Befund, gleichviel ob durch seine Schuld oder durch die seines Vorgängers herbeigeführt, verantwortlich gemacht, sobald dies bei der Ablösung nicht im Journal vermerkt ist.

§ 49 Der Dienst für die vier anzustellenden Wächter wird in Sommer- und Winterdienst eingeteilt. Der Sommerdienst ist gerechnet vom 15. März bis 15. November und bleibt für den Sommerdienst die Instruktion Vorbehalten.

§ 50 Das auf dem Turm befindliche Fremdenbuch hat der erste Wächter allen Besuchenden zur Einzeichnung ihres Namens vorzulegen. Nach Ablauf eines jeden Jahres werden die in Triplo geführten Bücher wieder der Deputation und Baudirektion zur bleibenden Übersicht übergeben und werden dieselben gegen neue ausgetauscht. Ein Exemplar bleibt am Leuchtturm.

§ 51 Die Deputation behält sich vor, diese Instruktion je nach Umständen zu ändern.

Hiermit wäre dann die Beleuchtungssache abgetan, aber nicht zum Überfluss ist es, wenn ich noch einmal andeuten will, welch großen Einfluss sie auf den allgemeinen Schiffsverkehr hat, da es namentlich an der deutschen Nordseeküste damit am schlechtesten bestellt ist.

Die englischen, französischen und holländischen Küsten sind bei der Nachtzeit mit Fresnelschen Apparaten, wie aneinandergereiht, prachtvoll illuminiert. Die hannoversche Insel Borkum, als die erste deutsche, schließt sich an diese Beleuchtungslinie zunächst an, aber das Licht ist noch nach alter Weise mit Hohlspiegeln versehen.

Indessen hat die Regierung bereits ihr Augenmerk dahin gerichtet und beabsichtigt eine durchgreifende Verbesserung dieses Lichts.

Bis dahin (Borkum) sollen nun die Schiffe, aus dem Kanal kommend, in die Nordsee gelangt sein und weiter den mit vielen Sandbänken besetzten Ems-, Jade-, Weser- und Elb-Mündungen zusteuern. Aber von hier an herrscht völlige Finsternis und erst nach einer Entfernung von 48 – 50 Seemeilen ist das Licht zu Wangerooge das erste, welches man wieder zu sehen bekommt. Kein Wunder also, dass an den zwischen Borkum und Wangerooge in völliger Finsternis liegenden Inseln manches Schiff scheitert.

Die Schiffer wissen das recht gut und steuern, um dieser Gefahr zu entgehen, in die ungefähre Richtung auf Helgoland, da dasselbe ein zwar noch altes aber dennoch 20 Seemeilen weit scheinendes Licht besitzt. Sind dann endlich die Schiffe glücklich in den Sehkreis dieses Lichtes gelangt, dann erst wagen es die Schiffer, das Wangerooger Licht aufzusuchen.

Aus allem Obigen geht hervor, dass an der Seeküste noch ein Punkt in der Beleuchtungskette fehlt, und kann dieser etwa Norderney sein, als ungefähr in der Mitte zwischen Borkum und Wangerooge gelegen; doch dürfte dann bei der Strecke von etwa 24 Seemeilen nach beiden Seiten hin ein stark intensives, ein 1. Ordnung bezeichnetes Licht daselbst sowohl wie in Wangerooge in Anwendung zu bringen sein.

VI. Abteilung

Hilfsleistung in der Aufnahme von Schiffbrüchigen im Turm, so wie über die gefährliche Landung daselbst, nebst Vorschlägen zu deren Abhilfe

Die Schiffbrüchigen finden in dem Turm eine reelle Rettungsstätte. Es hat sich derselbe für die kurze Zeit seines Bestehens schon ein paar Male als eine solche erwiesen.

Zu begreifen ist es, mit welchem Mut und mit welcher Zuversicht die Schiffbrüchigen, wenn sie ihr Schiff, das auf irgendeine der Sandbänke in der Weser - oder Elbmündung gestrandet ist, mit einem offenen Boot in furchtbarem Sturm und vielleicht noch in kalter dunkler Winternacht haben verlassen müssen, auf ein festes kräftiges, die ganze Wesermündung völlig beherrschendes Licht zurudern können und ebenso, mit welchem Vertrauen sie dann bei einem solchen Sicherheitsgefühl alle vorhandenen Kräfte anwenden, um dem Wellentode zu entgehen.

In dem Turm befinden sich erwärmte Räume und die Behörde hat eigens für diesen Zweck eine gute Anzahl wollener Decken dahin geschickt, womit die Unglücklichen zunächst die starren und erschöpften Glieder erwärmen können, und es wird dafür gesorgt, dass zu jeder Zeit ein genügender Vorrat von Proviant vorhanden ist.

Schließlich können die Schiffbrüchigen, sobald die zwischen Oldenburg und Bremen vertragsmäßig vereinbarte submarine-telegrafische Verbindung zwischen dem Turm und dem Festland eingerichtet sein wird, bei dem ersten eintretenden ruhigeren Wetter durch die zum Schleppdienst in Bremerhaven stets bereitliegenden Dampfer abgeholt werden.

Das Landen am Leuchtturm findet in zweifacher Weise statt, nämlich bei niedriger Ebbe und bei der vollen Flut. Bei niedriger Ebbe liegt der Rücken des Sandes, auf welchem der Leuchtturm steht, 1,5 m frei und das Landen geschieht also am flachen Strandufer.

Bei der gewöhnlichen vollen Flut liegt derselbe dahingegen 1,9 m unter Wasser und das Landen geschieht also am Turm selbst.

Bei niedriger Ebbe kann man mit einem gewöhnlichen Boot dem trockenen Strand bis auf etwa 30 m nahkommen; dann steigt man heraus und geht bis etwas über das Knie durchs Wasser oder lässt sich auch von Anderen hindurchtragen. Die Sachen, die man zu landen hat, sind ebenfalls durchs Wasser zu tragen, was denselben, wenn das Wasser schlicht ist, nicht schadet.

Bei den in hiesigen Küstengegenden herrschenden westlichen Winden findet man bei niedrigem Wasser *(siehe die Karte Abb. 17)* dort Opperwall und Schutz vom Sande. Bei den Nordost-, Ost- und Südostwinden indessen findet man bei niedrigem Wasser an derselben Stelle Legerwall und stete Brandung und das Landen ist aus eben diesem Grunde bei einigermaßen heftigem Wind platterdings unmöglich, da an dem harten, flach anlaufenden Sande jedes Boot sofort entzweischlagen würde, bevor an ein Aussteigen gedacht werden kann. Im Winter bei Eisgang und zugleich bei anstehendem Ostwind ist die Landung ebenfalls nicht möglich, wie solches leicht begreiflich ist.

Bei hoher Flut gestaltet sich das ganze Bild anders. Der Sand ist, wie bereits erwähnt, alsdann tief unter Wasser und es ist keine andere Stelle zum Landen übriggeblieben, als der Turm selbst. Es ist dieses Landen, wenn das Wetter nicht besonders still ist, stets mit Gefahr verbunden, denn die Dünung im Wasser und die dadurch stets stattfindende Brandung an der, den Turm umschließenden Steinböschung lässt sich als Naturgewalt nicht beseitigen. Jedes Boot hat Gefahr, gegen dieselbe zu zerschellen, und die Schiffbrüchigen würden auf diese Weise, statt sich zu retten, gerade an der vermeintlichen Rettungsstelle ihr Leben einbüßen.

Ich habe nicht allein dieserhalb, sondern namentlich auch für den augenblicklichen Schutz kleiner Schiffe, welche ihres Tiefganges wegen bei Hochwasser über die Mellum fahren können, und worunter auch die Schiffe, welche zum Transport von Wasser und Proviant für den Turm dienen, zu rechnen sind, die Herstellung einer ca. 35 m langen, in der Richtung nach SO laufenden Brücke empfohlen, an welcher, wenn dieselbe mit einer genügenden Zahl von Sturmpfählen versehen ist, bei allen Flutständen angelegt werden kann, wobei der Turm selbst Schutz bietet gegen den herrschenden Westwind. Bei voller Fluthöhe findet man um den Turm herum, wie schon gesagt, 1,9 m Wasser, und da die sogenannten Wattenfahrer, als Tjalk-Schiffe, Ever usw., meistens wenig mehr als 1,15 m tief laden, so findet sich während des vollen Verlaufs des Tideintervalls immer Zeit genug, dass man an dieser Brücke Menschen oder Sachen lande. Es liegen mir keine Erfahrungen vor, mit welcher Gefahr das Eis diese Brücke bedrohen wird, allein die wirklichen motivierten Gründe, welche für die Anlegung dieser Brücke sprechen, überbieten jedenfalls alle Bedenken, die doch nur imaginär sind und also keine bestimmte Grundlage haben, und ich will hoffen, dass eine recht feste Konstruktion namentlich für den Breitenverband der Brücke mit Schwertern und Andreaskreuzen an jedem Joch, die Gefahr für die Brücke selbst, wenn vielleicht nicht ganz beseitigen, dieselbe doch zu einem nur geringen Grad ermäßigen wird. Ich gebe mich dieser Hoffnung um so mehr hin, da die stärkste Strömung dort nicht stärker als 1 m per Sekunde läuft.

Die Nachrichten vom Leuchtturm vom verflossenen Winter haben dargetan, dass das Eis sich daselbst mitunter in großen Volumen bewegt hat, dass aber die bereits öfter erwähnte, um den Turm herumliegende Steinböschung im Stande gewesen ist, die ausgedehntesten Eisfelder, auch wenn sie mit der Richtung der Strömung angetrieben kamen, zu zerspalten.

Es wird schließlich zu empfehlen sein, dass man – wie ich schon angab – durch Feststellung irgendeiner bestimmten langen Basis, parallel mit dem Stranddufer laufend, sich durch Messung von Ordinaten auf derselben alljährlich überzeuge, wie es mit Abbruch oder Anwachs des Sandes seinen Verlauf habe, und dass man durch Nivellierung dieser Ordinate es ferner beachte, ob der Teil der Mellum, worauf der Turm steht, sich erhöht oder nicht. Damit würde man sich in den Stand setzen, mit geeigneter Faschinenanlage etwaiger drohender Gefahr zur rechten Zeit zu begegnen. ❐

Der Umbau des Anhalter Bahnhof und die Berlin-Anhalter Eisenbahn

Am 15. Juni 1880 wurde das neue Empfangsgebäude der Berlin-Anhalter Eisenbahn am Askanischer Platz dem Verkehr übergeben. Doch die Eröffnung des imposanten Bauwerks von Franz Schwechten war nur eine Etappe des 1871 begonnenen Umbaus des Anhalter Bahnhof in Berlin. Auf einer Länge von 5 km wurden neben dem Personenbahnhof ein Güterbahnhof, Werkstätten, Aufstell- und Verschiebegleise und viele weitere Anlagen neu errichtet. In zeitgenössischen Originaltexten werden die Anfänge der Berlin-Anhalter Eisenbahn, der Umbau des Bahnhofs und die Architektur der Gebäude geschildert. Zahlreiche Fotos und Zeichnungen illustrieren dieses Zeitdokument der Berliner Verkehrs- und Architekturgeschichte.   • *ISBN 978-3-7431-9651-3*

Friedrich Schultheis • Alexander Marx
Der Bau des Ludwigs-Kanal zwischen Main und Donau 1836 bis 1846

Mit dem Ludwigs-Main-Donau-Kanal gelang es, die Europäische Wasserscheide zu überwinden und eine schiffbare Verbindung von der Nordsee zum Schwarzen Meer schaffen. Innerhalb von zehn Jahren wurden 100 Schleusen, über 70 Dämme sowie zahlreichen Brücken und Brückenkanäle errichtet. Friedrich Schultheis schildert hier detailreich den Fortgang der Bauarbeiten von den ersten Planungen bis zur Einweihung im Juli 1846. 26 Doppelseitige Illustrationen von Alexander Marx geben einen Eindruck von diesem Meisterwerk der Technikgeschichte.
• *ISBN 978-3-7386-4028-1*

Fritz Eiselen • Albert Hofmann
Die elektrische Hoch- und Untergrundbahn in Berlin

Mit der Eröffnung der Berliner Hoch- und Untergrundbahn am 18. Februar 1902 fanden zehn Jahre Planung und Bau der ersten deutschen U-Bahn ihren vorläufigen Abschluss. Die damaligen Redakteure der ›Deutschen Bauzeitung‹ Fritz Eiselen und Albert Hofmann schildern die Arbeiten aus Sicht der Ingenieure und Architekten. Dabei gehen sie nicht nur auf die technischen Aspekte ein, sondern widmen sich auch der künstlerischen Ausgestaltung der Strecke und der Bahnhöfe. Zahlreiche Fotos und Zeichnungen illustrieren dieses Zeitdokument der Berliner Verkehrsgeschichte.   • *ISBN 978-3-7528-9695-4*

Schmiedekunst und Glockenguss
Eine Zeitreise durch 300 Jahre Metallhandwerk

Eine Zeitreise in Originaldokumenten durch die Geschichte des Metallhandwerks vom späten 16. bis ins 19. Jahrhundert. Viele heute vergessene Techniken, Werkzeuge und Produkte werden wieder lebendig. Zahlreiche historische Holzschnitte und Kupferstiche zeigen die Werkstätten und Arbeitsweisen der vergangenen Zeit.   • *ISBN 978-3-7543-8430-5*